Epigenética para intermedios

La exploración más completa del impacto práctico, social y ético del ADN en nuestra sociedad y nuestro mundo

Antonio Martínez

Copyright Todos los derechos reservados.

Este libro electrónico se proporciona con el único propósito de ofrecer información relevante sobre un tema específico para el que se han hecho todos los esfuerzos razonables para garantizar que sea preciso y razonable. Sin embargo, al comprar este libro electrónico, usted acepta que el autor y el editor no son en absoluto expertos en los temas contenidos en él, independientemente de las afirmaciones que puedan hacerse al respecto. Por lo tanto, cualquier sugerencia o recomendación que se haga en el mismo se hace con fines puramente de entretenimiento. Se recomienda consultar siempre a un profesional antes de poner en práctica cualquiera de los consejos o técnicas que se exponen.

Se trata de una declaración jurídicamente vinculante que es considerada válida y justa tanto por el Comité de la Asociación de Editores como por el Colegio de Abogados de Estados Unidos y que debe considerarse jurídicamente vinculante dentro de este país.

provisional. Las marcas comerciales que se mencionan se hacen sin el consentimiento por escrito y no pueden considerarse en ningún caso un respaldo del titular de la marca.

Capítulo 1

Acerca de la epigenética

En biología, la epigenética es el estudio de los cambios heredables del fenotipo que no implican alteraciones en la secuencia del ADN. El prefijo griego epi- over, outside of, around") en epigenética implica características que están "encima" o "además" de la base genética tradicional de la herencia. La epigenética suele referirse a los cambios que afectan a la actividad y expresión de los genes, pero el término también puede utilizarse para describir cualquier cambio fenotípico heredable. Estos efectos sobre los rasgos fenotípicos celulares y fisiológicos pueden ser el resultado de factores externos o ambientales, o formar parte del desarrollo normal. La definición estándar de epigenética exige que estas alteraciones sean heredables en la progenie de las células o de los organismos.

El término también se refiere a los cambios en sí mismos: cambios funcionalmente relevantes en el genoma que no implican un cambio en la secuencia de nucleótidos. Ejemplos de mecanismos que producen tales cambios son la metilación del ADN y la modificación de las histonas, cada uno de los cuales altera la forma en que se expresan los genes sin alterar la secuencia de ADN subyacente. La expresión de los genes puede controlarse mediante la acción de proteínas represoras que se unen a regiones silenciadoras del ADN. Estos cambios epigenéticos pueden durar a través de las divisiones celulares durante toda la vida de la célula, y también pueden durar varias generaciones, aunque no impliquen cambios en la secuencia de ADN subyacente del organismo; en cambio, los factores no genéticos hacen que los genes del organismo se comporten (o se "expresen") de forma diferente.

Un ejemplo de cambio epigenético en la biología eucariota es el proceso de diferenciación celular. Durante la morfogénesis, las células madre totipotentes se convierten en las distintas líneas celulares pluripotentes del embrión, que a su vez se convierten en células totalmente diferenciadas. En otras palabras, a medida que una sola célula del óvulo fecundado -el cigoto- sigue dividiéndose, las células hijas resultantes se transforman en todos los tipos celulares de un organismo, incluidas las neuronas, las células musculares, el epitelio, el endotelio de los vasos sanguíneos, etc., mediante la activación de algunos genes y la inhibición de la expresión de otros.

Históricamente, algunos fenómenos no necesariamente heredables se han descrito también como epigenéticos. Por ejemplo, el término "epigenético" se ha utilizado para describir cualquier modificación de las regiones cromosómicas, especialmente las modificaciones de las histonas, independientemente de que estos cambios sean heredables o estén asociados a un fenotipo. La definición consensuada exige ahora que un rasgo sea heredable para que se considere epigenético.

El término epigenética en su uso contemporáneo surgió en la década de 1990, pero durante algunos años se ha utilizado con significados algo variables. En una reunión de Cold Spring Harbor en 2008 se formuló una definición consensuada del concepto de rasgo epigenético como un "fenotipo establemente heredable resultante de cambios en un cromosoma sin alteraciones en la secuencia de ADN", aunque se siguen utilizando definiciones alternativas que incluyen rasgos no heredables.

El término epigénesis tiene un significado genérico de "crecimiento extra", y se utiliza en inglés desde el siglo XVII.

Psicología del desarrollo

En un contexto algo diferente a su uso en las ciencias biológicas, la palabra "epigenética" se ha utilizado a menudo en la psicología del desarrollo para definir el crecimiento psicológico como producto de una interacción constante y bidireccional entre la herencia y el entorno. Las teorías interactivas sobre la creación se han explorado de numerosas maneras y bajo múltiples títulos en los siglos XIX y XX. Una de las primeras, entre las afirmaciones fundadoras de la embriología, fue sugerida por Karl Ernst von Baer y popularizada por Ernst Haeckel. Paul Wintrebert desarrolló un sueño epigenético progresivo (epigénesis fisiológica). Otra forma, la epigénesis probabilística, fue descrita en 2003 por Gilbert Gottlieb. Esta perspectiva abarca todos los efectos potenciales de la evolución en el organismo y cómo afectan no sólo al organismo y a los demás, sino también cómo el organismo afecta a su propio crecimiento.

Erik Erikson, psicólogo del desarrollo, escribió sobre el concepto epigenético en su libro de 1968 Identidad: Juventud y crisis, que incorpora la idea de que crecemos a través de la evolución de nuestras personalidades en fases fijas, y que nuestro ambiente y la sociedad subyacente afectan a cómo avanzamos a través de estas fases. Esta evolución biológica en relación con nuestros entornos socioculturales tiene lugar a nivel de progresión psicosocial, donde "el progreso en cada nivel se decide parcialmente por nuestro rendimiento o falta de éxito en todas las etapas anteriores". Aunque los experimentos empíricos han arrojado resultados diversos, se cree que los cambios epigenéticos son un desencadenante biológico del trauma transgeneracional.

Los cambios epigenéticos afectan a la función de otros genes, pero no a la cadena del código genético del ADN. La microestructura (no el código) del propio ADN o de las proteínas de la cromatina relacionadas puede modificarse, dando lugar a su activación o silenciamiento. Este proceso permite que las células segregadas de un organismo multicelular produzcan sólo los genes necesarios para su propia actividad. Las variaciones epigenéticas se conservan cuando las células se separan. Algunas modificaciones epigenéticas surgen sólo a lo largo de la vida de un organismo adulto; sin embargo, estos cambios epigenéticos pueden transmitirse a los descendientes del organismo mediante un mecanismo denominado herencia epigenética transgeneracional. De hecho, si la inactivación de un gen se produce en un espermatozoide o en un óvulo que da lugar a la fecundación, esta alteración epigenética puede pasar a menudo a la siguiente generación.

Los diferentes mecanismos epigenéticos incluyen la paramutación, el marcaje, la impronta, el silenciamiento de genes, la inactivación del cromosoma X, la influencia del posicionamiento, la reprogramación de la metilación del ADN, la transvección, los resultados maternos, el avance en la carcinogénesis, una amplia variedad de efectos teratogénicos, el control de las histonas y la heterocromatina, y las limitaciones tecnológicas relativas a la partenogénesis y la clonación.

Daños en el ADN

Los daños en el ADN también pueden inducir cambios epigenéticos[25][26][27] Los daños en el ADN son muy normales y se producen una media de unas 60.000 veces al día por célula del cuerpo humano (véase Daños en el ADN (de origen natural). Estos daños se remedian en su mayoría, pero las modificaciones epigenéticas pueden permanecer en el lugar de reparación del ADN. En particular, una ruptura de doble cadena de ADN provocará un silenciamiento epigenético no programado de los genes, tanto por la inducción de la metilación del ADN como por la facilitación del silenciamiento de las formas de alteración de las histonas (Remodelación de la cromatina-véase la sección siguiente). Además, la enzima Parp1 (poli(ADP)-ribosa polimerasa) y su componente poli(ADP)-ribosa (PAR) se acumulan en los sitios de daño del ADN como parte de la fase de reparación. Esta agregación, en efecto, impulsa el reclutamiento y la activación de la proteína de remodelación de la cromatina ALC1, que puede inducir la remodelación del nucleosoma. Se ha demostrado que la remodelación del nucleosoma induce, por ejemplo, el silenciamiento epigenético del gen de reparación del ADN MLH1. Las sustancias químicas nocivas para el ADN, como el benceno, la hidroquinona, el estireno, el tetracloruro de carbono y el tricloroetileno, provocan una considerable hipometilación del ADN, en algunos casos a través del desencadenamiento de vías de estrés oxidativo.

Se sabe que los alimentos modifican la epigenética de las ratas en diversas dietas. Algunos componentes alimentarios aumentan epigenéticamente la cantidad de enzimas de reparación del ADN, como MGMT y MLH1 y p53. Otros componentes alimentarios, como las isoflavonas de la soja, pueden reducir el daño al ADN. En una prueba, los indicadores de estrés oxidativo, como los nucleótidos modificados que pueden resultar de la lesión del ADN, se redujeron con una dieta de 3 semanas complementada con soja. También se detectó una disminución del daño oxidativo del ADN 2 h después de ingerir un extracto de orujo rico en antocianinas (Vaccinium myrtillius L.).

Los trabajos sobre epigenética utilizan una amplia variedad de métodos de biología molecular para explicar mejor los procesos epigenéticos, como la inmunoprecipitación de la cromatina (junto con sus versiones a gran escala ChIP-on-chip y ChIP-Seq), la hibridación fluorescente in situ, las enzimas de restricción sensibles a la metilación, el reconocimiento de la adenina metiltransferasa del ADN (DamID) y la secuenciación con bisulfito. De hecho, la aplicación de la bioinformática tiene un papel que desempeñar en la epigenética estadística.

Mecanismos Algunas formas de mecanismos de herencia epigenética pueden tener una función en lo que se ha reconocido como memoria celular, pero hay que tener en cuenta que no todas ellas son ampliamente reconocidas como ejemplos de epigenética.

Cambios covalentes Las variaciones covalentes en el ADN (por ejemplo, la metilación e hidroximetilación de la citosina) o en las proteínas histónicas (por ejemplo, la acetilación de la lisina, la metilación de la lisina y la arginina, la fosforilación de la serina y la treonina, y la ubiquitinación y sumoilación de la lisina) desempeñan un papel fundamental en ciertas formas de herencia epigenética. El término "epigenética" se utiliza a menudo como sinónimo de estos procesos. Sin embargo, esto puede ser engañoso. La remodelación de la cromatina no es necesariamente hereditaria, por lo que no toda la herencia epigenética incluye la remodelación de la cromatina. En 2019, surgió una nueva alteración de la lisina en la literatura científica que relaciona el cambio epigenético con el metabolismo celular, es decir, el ADN de lisina se empareja con las proteínas histónicas para formar la cromatina.

Dado que el fenotipo de una célula o persona está influido por los genes que se transcriben, los estados de transcripción heredados pueden dar lugar a efectos epigenéticos. Hay muchos niveles de control de la expresión genética. Una forma de controlar los genes es mediante la remodelación de la cromatina. La cromatina es un complejo de ADN y de proteínas histónicas en el que está unido. Si la forma en que el ADN se enrolla alrededor de las histonas cambia, la expresión génica también se alterará. La remodelación de la cromatina se realiza mediante dos mecanismos principales: el primero es la alteración postraduccional de los aminoácidos que componen las proteínas histónicas. Las proteínas histónicas están formadas por una larga secuencia de aminoácidos. Cuando se alteran los aminoácidos de la cadena, la estructura de la histona puede verse afectada. Durante la replicación, el ADN no se desenrolla completamente. También es probable que las histonas modificadas puedan añadirse a cada copia nueva del ADN. A partir de ahí, estas histonas servirán de modelo, provocando que nuevas histonas a su alrededor se formen de forma diferente. Al cambiar la estructura de las histonas que las rodean, estas histonas cambiadas garantizarán que el sistema de transcripción específico del linaje se mantenga durante la separación de las células.

El segundo enfoque consiste en unir grupos metilo al ADN, a menudo en los niveles CpG, para transformar la citosina en 5-metilcitosina. La 5-metilcitosina tiene una influencia comparable a la citosina normal, combinada con la guanina en el ADN de doble cadena. Sin embargo, ciertas partes del genoma están más metiladas que otras, y las regiones muy metiladas parecen estar menos implicadas en la transcripción por un proceso que no se conoce bien. La metilación de la citosina suele continuar desde la línea germinal de uno de los progenitores hasta el cigoto, lo que sugiere que el cromosoma es transmitido por uno u otro progenitor (impronta genética).

Los mecanismos de la heredabilidad del estado de las histonas no se conocen del todo; sin embargo, se sabe mucho sobre el mecanismo de la heredabilidad del estado de metilación del ADN durante la división y la diferenciación celular. La heredabilidad del proceso de metilación depende de otras enzimas (como la DNMT1) que tienen una mayor afinidad por la 5-metilcitosina que por la citosina. Cuando esta enzima entra en una parte hemimetilada del ADN (en la que la 5-metilcitosina está en sólo una de las dos cadenas de ADN), la enzima puede metilar el otro componente.

Aunque existen ajustes en las histonas a lo largo de toda la cadena, los N-terminales no estructurados de las histonas (llamados colas de las histonas) están especialmente modificados. Dichos cambios implican acetilación, metilación, ubiquitilación, fosforilación, sumoilación, ribosilación y citrulinación. La acetilación es el más investigado de todos los cambios. Como referencia, se sabe que la acetilación de las lisinas K14 y K9 de la cola de la histona H3 por parte de las enzimas histonas acetiltransferasas (HAT) controla la transcripción junto con las histonas desacetilasas complementarias.

Una forma de pensar es que esta propensión de la acetilación a correlacionarse con la transcripción "exitosa" es de tipo biofísico. Como suele tener un nitrógeno cargado positivamente en el borde, la lisina se unirá a los fosfatos del ADN cargados negativamente en la columna vertebral. El efecto de la acetilación transforma el grupo amino cargado positivamente en una conexión amida neutra en la cadena lateral. Reduce la carga positiva, aflojando así el ADN de la histona. Cuando esto ocurre, complejos como SWI / SNF y otros factores transcripcionales pueden unirse al ADN y hacer que se produzca la transcripción. Este es el patrón de papel epigenético "cis". En otros términos, las modificaciones en las colas de las histonas tienen un claro impacto en el propio ADN[cita requerida] Otro concepto de papel epigenético es el tipo "trans". Los cambios en las colas de las histonas funcionan indirectamente sobre el ADN en este patrón. Por ejemplo, la acetilación de la lisina puede establecer un punto de unión para las enzimas modificadoras de la cromatina (o también para las máquinas de transcripción). El remodelador de la cromatina inducirá entonces cambios en el estado de la cromatina. Además, el bromodominio -un dominio proteico que se une específicamente a la acetil-lisina- está presente en varias enzimas que ayudan a desencadenar la transcripción, incluido el complejo SWI / SNF. Puede ser que la acetilación funcione de esta manera y de la anterior para facilitar la activación transcripcional.

La creencia de que las modificaciones funcionan como módulos de acoplamiento para variables similares también se ve confirmada por la metilación de las histonas. La metilación de la lisina 9 de la histona H3 se ha relacionado durante mucho tiempo con la cromatina constitutivamente silenciosa (heterocromatina constitutiva). Se ha establecido que el cromodominio (un dominio que se une precisamente a la metil-lisina) de la proteína transcripcional restrictiva HP1 recluta a HP1 a las regiones metiladas K9. Una ilustración que parece contradecir esta hipótesis de metilación biofísica es que la trimetilación de la histona H3 en la lisina 4 está estrechamente correlacionada con (y es necesaria para la plena) activación transcripcional. En este caso, la trimetilación introduciría una carga positiva fija en la cola.

Se ha demostrado que la histona lisina metiltransferasa (KMT) es responsable de este proceso de metilación en los patrones de las histonas H3 y H4. Esta enzima requiere un sitio catalíticamente activo denominado dominio SET (Supresor de la variegación, Potenciador de la cáscara, Trithorax). El dominio SET es una secuencia de 130 aminoácidos que es activa en la regulación de la expresión génica. Se ha demostrado que este dominio se une a la cola de la histona e induce la metilación de la misma.

Es probable que las variaciones de las histonas que se diferencian operen de distintas maneras; es probable que la acetilación en una localización actúe de forma diferente a la acetilación en otra localización. A menudo, varios cambios que surgen al mismo tiempo y pueden funcionar juntos para alterar la actividad del nucleosoma. El concepto de que numerosas modificaciones complejas controlan la transcripción de los genes de forma sistémica y reproducible se denomina lenguaje de las histonas, mientras que la teoría de que el estado de las histonas puede interpretarse de forma lineal como un portador de conocimiento digital ha sido mayoritariamente desacreditada. Uno de los mecanismos mejor comprendidos que orquestan el silenciamiento basado en la cromatina es el silenciamiento basado en la proteína SIR de los loci de forma secreta de apareamiento HML y HMR.

La metilación del ADN también se produce en las secuencias repetitivas y sirve para inhibir la producción y el movimiento de los "elementos transponibles": dado que la 5-metilcitosina puede desaminarse de forma natural (sustituyendo el nitrógeno por el oxígeno) a timidina, los sitios CpG sufren frecuentes mutaciones y son poco comunes en el genoma, especialmente en las islas CpG, donde permanecen sin metilar. Por tanto, las modificaciones epigenéticas de este tipo tienen la capacidad de dirigir mayores tasas de mutación genética irreversible. Se ha informado de que los patrones de metilación del ADN se forman y cambian en reacción a factores ambientales a través de una interacción dinámica de al menos tres metiltransferasas de ADN distintas, DNMT1, DNMT3a y DNMT3B, todas ellas letales en ratones. La DNMT1 es la metiltransferasa más común en las células somáticas, se localiza en los focos de replicación, tiene una preferencia de 10 a 40 veces por el ADN hemimetilado y se asocia con el antígeno nuclear de células proliferantes (PCNA).

Al alterar idealmente el ADN hemimetilado, la DNMT1 pasa los patrones de metilación a una hebra recién sintetizada durante la replicación del ADN, por lo que también se denomina metiltransferasa de "mantenimiento". La DNMT1 es importante para el correcto crecimiento embrionario, la impresión y la inactivación del X. Para intentar destacar la distinción entre este proceso molecular de herencia y el sistema tradicional de emparejamiento de bases Watson-Crick de transmisión del material genético, se ha utilizado la palabra "templado epigenético". De hecho, por lo que respecta a la conservación y difusión de los estados metilados del ADN, la misma idea puede extenderse a la conservación y difusión de las variaciones en los sistemas hereditarios de las histonas y también del citoplasma (estructural).

Las histonas H3 y H4 también pueden ser reguladas por desmetilación utilizando la histona lisina desmetilasa (KDM). Una enzima recientemente identificada tiene un sitio catalíticamente activo denominado dominio Jumonji (JmjC). La desmetilación se produce cuando JmjC utiliza varios cofactores para hidroxilar el grupo metilo, destruyéndolo. JmjC es capaz de desmetilar sustratos mono, di y trimetilados.

Las regiones cromosómicas pueden adoptar estados alternativos estables y heredables que dan lugar a una expresión génica biestable sin alterar el código del ADN. La regulación epigenética también se correlaciona con cambios covalentes alternativos en las histonas. Se propone que la consistencia y heredabilidad de los estados de regiones cromosómicas más amplias puede requerir una retroalimentación positiva, ya que los nucleosomas actualizados emplean enzimas que también alteran los nucleosomas vecinos. Un modelo estocástico más sencillo para esta forma de epigenética puede encontrarse aquí.

Se ha propuesto que la modulación transcripcional basada en la cromatina puede estar regulada por pequeños ARN. Los pequeños ARN de interferencia pueden modular la expresión transcripcional de los genes mediante la regulación epigenética de promotores seleccionados.

Transcripciones de ARN Una vez que un gen se activa, transcribe un compuesto que (directa o indirectamente) mantiene la función de ese gen. Por ejemplo, Hnf4 y MyoD promueven la transcripción de varios genes específicos del hígado y del músculo, incluidos los suyos propios, a través de la actividad de factor de transcripción de las proteínas que codifican. La señalización del ARN implica el reclutamiento selectivo de la jerarquía de complejos genéricos modificadores de la cromatina y de las metiltransferasas del ADN a determinados loci de ARN durante la diferenciación y el crecimiento. Muchas modificaciones epigenéticas son inducidas por el desarrollo de varios tipos de empalme de ARN o por la creación de ARN de doble cadena (ARNi). Los descendientes de la célula en la que se estimuló el gen conservarán este comportamiento, especialmente aunque la señal inicial de activación del gen ya no esté presente. A veces, estos genes se activan o desactivan mediante la transducción de señales, pero en ciertos sistemas en los que los sincicios o las uniones en hueco son importantes, el ARN puede extenderse directamente a otras células o al núcleo mediante difusión. Un volumen importante de ARN y proteínas es añadido al cigoto por la madre durante la oogénesis o por las células nodrizas, lo que da lugar a resultados de fenotipo materno. Una cantidad menor de ARN del espermatozoide se transfiere desde el progenitor, pero hay pruebas recientes de que este material epigenético puede contribuir a diferencias significativas en muchas generaciones de la descendencia.

MicroRNAs Los microRNAs (miRNAs) son líderes de los RNAs no codificantes que varían en escala de 17 a 25 nucleótidos. Los miARNs controlan una amplia variedad de funciones biológicas en plantas y animales. En 2013 se han detectado aproximadamente 2.000 miRNAs en humanos, que pueden encontrarse en línea en la base de datos de miRNAs. -- miRNA expresado en una célula que se dirige a entre 100 y 200 ARN mensajeros (ARNm) que desregula. Gran parte de la desregulación de los ARNm se produce induciendo la degradación del ARNm deseado, mientras que otra desregulación se produce en el punto de traducción de la proteína.

Aproximadamente el 60% de los genes humanos que codifican proteínas parecen estar regulados por miRNAs. Gran parte de los miARNs están regulados epigenéticamente. Aproximadamente el 50 por ciento de los genes miARN están asociados a islas CpG, que pueden ser suprimidas por metilación epigenética. La codificación de las islas CpG metiladas se bloquea de forma completa y hereditaria. Otros miRNAs están regulados epigenéticamente por la modificación de las histonas o por la combinación de la metilación del ADN y la modificación de las histonas.

MRNA En 2011, se ha demostrado que la metilación del ARNm desempeña un papel clave en la homeostasis energética humana. Se ha descubierto que el gen FTO, asociado a la obesidad, es capaz de desmetilar la N6-metiladenosina en el ARN.

Los ARNs son fragmentos minúsculos (50-250 nucleótidos), fuertemente organizados, de ARN no codificante, presentes en las bacterias. Regulan la expresión de genes, como los de virulencia, en los patógenos y se consideran objetivos potenciales en la lucha contra las bacterias resistentes a los medicamentos. Desempeñan un papel importante en varios procesos biológicos, unidos a ARNm y a dianas proteicas en procariotas. Sus análisis filogenéticos, por ejemplo, mediante las interacciones entre ARNs y ARNm o las propiedades de unión a proteínas, se utilizan para construir bases de datos detalladas. Los mapas de genes de ARNs se construyen a menudo en función de sus objetivos en los genomas microbianos.

Priones Los priones son tipos de proteínas contagiosas. En general, las proteínas se pliegan en unidades discretas que ejecutan distintas funciones celulares, pero ciertas proteínas suelen ser capaces de crear un estado conformacional infeccioso conocido como prión. Aunque se utilizan con frecuencia en el sentido de enfermedades infecciosas, los priones se caracterizan más ampliamente por su capacidad de catalizar ciertas formas nativas de la misma proteína a un estado conformacional infeccioso. De este modo, pueden utilizarse como agentes epigenéticos capaces de provocar una transición fenotípica sin modificar el genoma.

Se sabe que los priones fúngicos son epigenéticos, ya que el fenotipo contagioso inducido por el prión puede transmitirse sin alterar el genoma. PSI+ y URE3, descubiertos en la levadura en 1965 y 1971, son los dos priones mejor estudiados de este tipo.

Los priones pueden tener un impacto fenotípico por el secuestro de la proteína en agregados, lo que disminuye la función de la enzima. En las células PSI+, la falta de la proteína Sup35 (que interviene en la terminación de la traducción) permite que los ribosomas tengan una mayor tasa de lectura de los codones de parada, lo que se traduce en la represión de mutaciones sin sentido en otros genes. La capacidad de Sup35 para unirse a los priones puede ser una característica retenida. Puede conceder una ventaja adaptativa al otorgar a las células la capacidad de convertirse en PSI+ y transmitir rasgos genéticos latentes que suelen terminar con mutaciones de codones de parada.

Variación estructural Células genéticamente similares muestran variaciones heredadas en los patrones de las filas ciliares en su superficie celular en ciliados como Tetrahymena y Paramecium. Los patrones modificados experimentalmente pueden transferirse a las células del progenitor. Parece que las estructuras existentes sirven de modelo para las nuevas estructuras. Las causas de esta sucesión siguen siendo desconocidas, pero hay motivos para creer que las especies multicelulares utilizan arquitecturas celulares establecidas para construir otras nuevas.

Ubicación de los nucleosomas Los genomas eucariotas tienen múltiples nucleosomas. La ubicación del nucleosoma no es arbitraria y define la sensibilidad del ADN a las proteínas reguladoras. Se ha demostrado que los promotores que actúan en diferentes tejidos tienen características diferentes de colocación del nucleosoma. Esto describe las variaciones en la expresión de los genes y la diferenciación celular. Se ha demostrado que al menos ciertos nucleosomas se conservan en los espermatozoides (donde la mayoría de las histonas, pero no todas, son sustituidas por protaminas). Por lo tanto, la ubicación de los nucleosomas es heredable hasta cierto punto. Los últimos estudios también han identificado similitudes entre la ubicación de los nucleosomas y otras influencias epigenéticas, como la metilación e hidroximetilación del ADN.

Funciones y consecuencias

La epigenética del desarrollo puede separarse en epigénesis predicha y probabilística. La epigénesis predeterminada es una transición unidireccional desde la producción básica del ADN hasta la maduración funcional de la proteína. "Predeterminada" implica que la producción está planificada y predeterminada. La epigénesis probabilística, en cambio, es una estructura bidireccional-producción funcional de conocimiento y crecimiento de moldeado hacia el exterior.

La herencia epigenética somática es muy importante en la producción de especies eucariotas multicelulares, especialmente a través de las modificaciones covalentes del ADN y las histonas y el reposicionamiento de los nucleosomas. La secuencia del genoma es similar (con pocas excepciones significativas), pero las células se dividen en varias formas específicas que realizan diversas funciones y reaccionan de forma diferente al entorno y a la señalización intercelular. Por lo tanto, a medida que los organismos evolucionan, los morfógenos activan o silencian los genes de manera epigenética, proporcionando memoria celular. En los seres humanos, la mayor parte de las células están segregadas de forma terminal, y sólo las células madre mantienen la capacidad de distinguir entre muchas formas de células ("totipotencia" y "multipotencia"). En el caso de los humanos, ciertas células madre tienden a desarrollar células recién formadas durante su vida, como la neurogénesis, pero los humanos son incapaces de adaptarse a la destrucción de tejidos, como la incapacidad de reconstruir miembros de la que son capaces algunas otras especies. Los cambios epigenéticos rigen la transformación de las células madre neuronales en células progenitoras gliales (por ejemplo, la división en oligodendrocitos está controlada por la desacetilación y metilación de las histonas). Al igual que los mamíferos, las células vegetales no se dividen de forma terminal, sino que permanecen totipotentes con la capacidad de dar lugar a una nueva planta individual.

Los controvertidos resultados de una investigación revelaron que los acontecimientos estresantes podrían generar una huella epigenética que podría transmitirse a las generaciones futuras.

Se condicionó a los ratones, mediante choques de pies, a odiar el olor de la flor de cerezo. Los investigadores confirmaron que las crías de los ratones tenían una mayor sensibilidad a este olor en particular. Los investigadores propusieron modificaciones epigenéticas que aumentan la expresión de los genes, en lugar del propio ADN, en el gen M71 que regula la actividad del receptor del olor en la nariz que reacciona directamente al olor de la flor del cerezo. Las modificaciones externas asociadas a la actividad olfativa (del olor) también surgieron en los cerebros de los ratones educados y de sus crías. Se han identificado varias críticas, entre ellas la escasa solidez estadística del análisis como prueba de cualquier irregularidad, como los prejuicios en el registro de los datos. Según las limitaciones del tamaño de la muestra, existe la probabilidad de que el resultado no sea estadísticamente significativo aunque se produzca. La crítica indicaba que la probabilidad de que todas las pruebas publicadas produjeran resultados satisfactorios si se adoptara el mismo procedimiento, en caso de que se produjeran los supuestos efectos, era de sólo el 0,4%. Los redactores tampoco dijeron qué ratones eran hermanos y consideraron que ambos eran estadísticamente distintos. Los investigadores iniciales descubrieron los resultados adversos en el apéndice del documento, que había sido ignorado por la oposición de sus estimaciones, y prometieron vigilar que los ratones fueran hermanos en el futuro.

Las vías epigenéticas transgeneracionales se han convertido en una parte fundamental de las raíces evolutivas de la diferenciación celular. Mientras que la epigenética en las especies multicelulares se considera comúnmente como un proceso de división, con tendencias epigenéticas "restablecidas" a medida que las especies se replican, ha habido varios informes de herencia epigenética transgeneracional (por ejemplo, los fenómenos de paramutación encontrados en el maíz). Aunque la mayoría de estos rasgos epigenéticos multigeneracionales se han perdido gradualmente a lo largo de varias generaciones, sigue existiendo la posibilidad de que la epigenética multigeneracional sea otro aspecto de la evolución y la adaptación. Como ya se ha mencionado, algunos describen la epigenética como algo hereditario.

El secuestro de la línea germinal o barrera de Weismann es específico de los animales y la transmisión epigenética está más extendida en las plantas y los microbios. Eva Jablonka, Marion J. Lamb y Étienne Danchin propusieron que estos resultados pueden suponer un cambio en la estructura metodológica tradicional de la síntesis convencional y reclamaron una síntesis evolutiva ampliada. Otros biólogos evolutivos, como John Maynard Smith, han incorporado la herencia epigenética a los modelos de genética de poblaciones o son abiertamente escépticos respecto a la síntesis evolutiva ampliada (Michael Lynch). Thomas Dickins y Qazi Rahman señalan que los procesos epigenéticos, como la metilación del ADN y la modulación de las histonas, se heredan genéticamente bajo la influencia de la selección natural y, por tanto, forman parte de la "nueva síntesis" anterior.

Dos aspectos cruciales en los que la herencia epigenética puede ser distinta de la herencia genética convencional, con importantes implicaciones para el desarrollo, son que los niveles de epimutación pueden ser significativamente mayores que las tasas de mutación y que las tasas de epimutación son más fácilmente reversibles. Los errores heredables de metilación del ADN son 100.000 veces más probables en las plantas que los errores genéticos. Un rasgo heredado epigenéticamente, como el mecanismo PSI+, funcionará como un "stop-gap", lo suficientemente bueno para la adaptación a corto plazo como para permitir que el linaje continúe el tiempo suficiente para que la mutación y/o la recombinación asimilen genéticamente el cambio fenotípico adaptativo. La presencia de esta probabilidad potencia el desarrollo del planeta.

Se han documentado más de 100 casos de herencia epigenética transgeneracional en una amplia variedad de especies, incluyendo procariotas, plantas y animales. Por ejemplo, las mariposas del manto de luto pueden cambiar de color debido a cambios hormonales en reacción a experimentos con temperaturas variables.

Neurospora crassa es un marco modelo popular para estudiar la regulación y el papel de la metilación de citosinas. Dentro de este individuo, la metilación del ADN se correlaciona con restos del mecanismo de protección del genoma identificado como RIP (mutación puntual inducida por repetición) y silencia la expresión de los genes inhibiendo la elongación de la transcripción.

El prión PSI de la levadura se crea mediante un cambio conformacional en el elemento de terminación de la traducción, que luego se hereda de las células hijas. Puede suponer un beneficio para la supervivencia en condiciones desfavorables. Es un ejemplo de control epigenético que ayuda a los organismos unicelulares a reaccionar rápidamente al estrés ambiental. Los priones pueden utilizarse como factores epigenéticos capaces de provocar una transición fenotípica sin modificar el genoma.

La identificación sencilla de las marcas epigenéticas en los microorganismos es factible con una única serie molecular en tiempo real en la que la especificidad de la polimerasa permite calcular la metilación y otras modificaciones mientras se secuencia la molécula de ADN. Varios estudios han demostrado el potencial de captar detalles epigenéticos en todo el genoma de las bacterias.

La epigenética en las bacterias Mientras que la epigenética tiene una importancia fundamental en los eucariotas, sobre todo en los metazoos, desempeña un papel diferente en las bacterias. En particular, los eucariotas utilizan las vías epigenéticas principalmente para controlar la expresión de los genes, algo que sólo consiguen las bacterias. Sin embargo, las bacterias utilizan ampliamente la metilación post-replicativa del ADN para la regulación epigenética de las interacciones ADN-proteína. Las bacterias suelen utilizar la metilación de la adenina del ADN (en lugar de la metilación de la citosina del ADN) como señal epigenética. La metilación de adenina del ADN es esencial en la virulencia bacteriana en organismos como Escherichia coli, Salmonella, Vibrio, Yersinia, Haemophilus y Brucella. En las alfaproteobacterias, la metilación de la adenina controla el ciclo celular y vincula la transcripción de genes a la replicación del ADN. En las Gammaproteobacterias, la metilación de la adenina genera señales para la replicación del ADN, la división de los cromosomas, la reparación de errores, el etiquetado de los bacteriófagos, la función de las transposasas y el control de la expresión génica. Existe una variación genética que rige al Streptococcus pneumoniae (neumococo) y que hace que la bacteria cambie espontáneamente sus características a seis estados alternativos que podrían allanar el camino para mejorar las vacunas. Cada tipo se produce espontáneamente mediante un esquema de metilación de fase variable. La capacidad de los neumococos para infligir infecciones mortales difiere en cada uno de estos seis estados. Diferentes estructuras son esenciales en muchos géneros bacterianos. En los

Firmicutes, como Clostridioides difficile, la metilación de la adenina controla la esporulación, el desarrollo del biofilm y la adaptación al huésped.

Beneficios epigenéticos del entrenamiento de la atención plena, la alimentación sana y la actividad física

La epigenética ocupa una posición clave en la ciencia del siglo XXI, al exponer la conexión entre la historia genética humana y el clima. La heredabilidad somática de los marcadores epigenéticos por división celular también puede describir las consecuencias duraderas de las reacciones humanas al medio ambiente. De hecho, cada vez hay más pruebas en plantas, modelos animales y humanos de la transferencia de conocimientos epigenéticos a lo largo de muchos siglos, lo que tiene consecuencias para el desarrollo y la seguridad. Para el tema de este artículo, los procesos epigenéticos desempeñan un papel clave en los efectos duraderos del estrés y el trauma persistentes. Además, las investigaciones sobre los traumas tempranos, la memoria temprana y el envejecimiento, los enfoques basados en la atención plena y el efecto de la dieta y el ejercicio físico sobre el bienestar se analizarán en el contexto de los recientes avances en el campo de la epigenética. Los científicos están empezando a explorar las complejas redes por las que las condiciones ambientales y los comportamientos remodelan los conocimientos que se encuentran en nuestro

ADN, creando huellas en el bienestar físico y mental que, en ciertos casos, pueden transmitirse por gametos a las generaciones futuras. La investigación epigenética actual, incluyendo las intervenciones basadas en Mindfulness, puede implicar la confirmación de las modificaciones moleculares y las previsiones bioinformáticas a través de la investigación de las correlaciones de determinados efectos neurofisiológicos en la salud y la enfermedad. Los recientes avances en epigenética demuestran la necesidad de sensibilizar a la medicina y a la cultura sobre los efectos de los acontecimientos nocivos y los comportamientos insanos en la salud física, cognitiva y emocional de las generaciones actuales y futuras. Los futuros estudios sobre epigenética y bienestar estarán motivados por la posible reversibilidad de los conocimientos biológicos adquiridos y la perspectiva de modular el epigenoma hacia entornos saludables.

Capítulo 2
Cómo controlan los genes el crecimiento y la división de las células

Diversos genes participan en el control del crecimiento y la división celular. El ciclo celular es la forma que tiene la célula de replicarse a sí misma de forma organizada y paso a paso. La estricta regulación de este proceso garantiza que el ADN de una célula en división se copie correctamente, que se repare cualquier error en el ADN y que cada célula hija reciba un conjunto completo de cromosomas. El ciclo tiene puntos de control (también llamados puntos de restricción), que permiten a ciertos genes comprobar si hay problemas y detener el ciclo para repararlo si algo va mal.

Si una célula tiene un error en su ADN que no puede ser reparado, puede sufrir una muerte celular programada (apoptosis). La apoptosis es un proceso común a lo largo de la vida que ayuda al organismo a deshacerse de las células que no necesita. Las células que sufren apoptosis se rompen y son recicladas por un tipo de glóbulo blanco llamado macrófago. La apoptosis protege al organismo eliminando las células genéticamente dañadas que podrían dar lugar a un cáncer, y desempeña un papel importante en el desarrollo del embrión y el mantenimiento de los tejidos adultos.

El cáncer es el resultado de una alteración de la regulación normal del ciclo celular. Cuando el ciclo avanza sin control, las células pueden dividirse sin orden y acumular defectos genéticos que pueden dar lugar a un tumor canceroso

¿Cómo indican los genetistas la localización de un gen

Los genetistas utilizan mapas para describir la ubicación de un gen concreto en un cromosoma. Un tipo de mapa utiliza la localización citogenética para describir la posición de un gen. La localización citogenética se basa en un patrón distintivo de bandas creado cuando los cromosomas se tiñen con determinadas sustancias químicas. Otro tipo de mapa utiliza la localización molecular, una descripción precisa de la posición de un gen en un cromosoma. La localización molecular se basa en la secuencia de bloques de ADN (pares de bases) que componen el cromosoma.

Localización citogenética

Los genetistas utilizan una forma estandarizada de describir la localización citogenética de un gen. En la mayoría de los casos, la localización describe la posición de una banda concreta en un cromosoma teñido:

17q12

También puede escribirse como un rango de bandas, si se sabe menos sobre la ubicación exacta:

17q12-q21

La combinación de números y letras proporciona la "dirección" de un gen en un cromosoma. Esta dirección se compone de varias partes:

El cromosoma en el que se encuentra el gen. El primer número o letra utilizado para describir la ubicación de un gen representa el cromosoma. Los cromosomas 1 a 22 (los autosomas) se designan por su número cromosómico. Los cromosomas sexuales se designan por X o Y.

El brazo del cromosoma. Cada cromosoma se divide en dos secciones (brazos) en función de la ubicación de un estrechamiento (constricción) llamado centrómero. Por convención, el brazo más corto se llama p, y el más largo, q. El brazo del cromosoma es la segunda parte de la dirección del gen. Por ejemplo, 5q es el brazo largo del cromosoma , y Xp es el brazo corto del cromosoma X.

La posición del gen en el brazo p o q. La posición de un gen se basa en un patrón distintivo de bandas claras y oscuras que aparecen cuando se tiñe el cromosoma de una manera determinada. La posición suele designarse mediante dos dígitos (que representan una región y una banda), que a veces van seguidos de un punto decimal y uno o más dígitos adicionales (que representan sub-bandas dentro de una zona clara u oscura). El número que indica la posición del gen aumenta con la distancia al centrómero. Por ejemplo: 14q21 representa la posición 21 en el brazo largo del cromosoma 14q21 está más cerca del centrómero que 14q22.

A veces también se utilizan las abreviaturas "cen" o "ter" para describir la localización citogenética de un gen. "Cen" indica que el gen está muy cerca del centrómero. Por ejemplo, 16pcen se refiere al brazo corto del cromosoma 16 cerca del centrómero. "Ter" significa terminación, lo que indica que el gen está muy cerca del final del brazo p o q. Por ejemplo, 14qter se refiere al extremo del brazo largo del cromosoma 14. ("Tel" también se utiliza a veces para describir la ubicación de un gen. "Tel" significa telómeros, que están en los extremos de cada cromosoma. Las abreviaturas "tel" y "ter" se refieren a la misma localización).

El gen CFTR está situado en el brazo largo del cromosoma 7, en la posición 7q31.2.

Localización molecular

El Proyecto Genoma Humano, un esfuerzo internacional de investigación finalizado en 2003, determinó la secuencia de pares de bases de cada cromosoma humano. Esta información de la secuencia permite a los investigadores proporcionar una dirección más específica que la ubicación citogenética de muchos genes. La dirección molecular de un gen señala su ubicación en términos de pares de bases. Describe la posición precisa del gen en un cromosoma e indica su tamaño. Conocer la localización molecular también permite a los investigadores determinar exactamente la distancia que separa a un gen de otros genes del mismo cromosoma.

Diferentes grupos de investigadores suelen presentar valores ligeramente diferentes para la localización molecular de un gen. Los investigadores interpretan la secuencia del genoma humano utilizando diversos métodos, lo que puede dar lugar a pequeñas diferencias en la dirección molecular de un gen. Genetics Home Reference presenta datos del NCBI para la localización molecular de los genes.

¿Pueden los genes activarse y desactivarse en las células?

Cada célula expresa, o enciende, sólo una fracción de sus genes. El resto de los genes están reprimidos o apagados. El proceso de activación y desactivación de los genes se conoce como regulación génica. La regulación de los genes es una parte importante del desarrollo normal. Los genes se activan y desactivan en diferentes patrones durante el desarrollo para que una célula cerebral tenga un aspecto y un comportamiento diferentes a los de una célula hepática o muscular, por ejemplo. La regulación de los genes también permite a las células reaccionar rápidamente a los cambios en su entorno. Aunque sabemos que la regulación de los genes es fundamental para la vida, este complejo proceso aún no se comprende del todo.

La regulación de los genes puede producirse en cualquier momento de su expresión, pero lo más habitual es que se produzca a nivel de la transcripción (cuando la información del ADN de un gen se transfiere a ARNm). Las señales del entorno o de otras células activan unas proteínas llamadas factores de transcripción. Estas proteínas se unen a las regiones reguladoras de un gen y aumentan o disminuyen el nivel de transcripción. Al controlar el nivel de transcripción, este proceso puede determinar la cantidad de producto proteico que fabrica un gen en un momento dado.

Cómo dirigen los genes la producción de proteínas

La mayoría de los genes contienen la información necesaria para fabricar moléculas funcionales llamadas proteínas. (Unos pocos genes producen otras moléculas que ayudan a la célula a ensamblar proteínas). El viaje desde el gen hasta la proteína es complejo y está estrechamente controlado dentro de cada célula. Consta de dos pasos principales: la transcripción y la traducción. Juntas, la transcripción y la traducción se conocen como expresión génica.

Durante el proceso de transcripción, la información almacenada en el ADN de un gen se transfiere a una molécula similar llamada ARN (ácido ribonucleico) en el núcleo celular. Tanto el ARN como el ADN están formados por una cadena de bases de nucleótidos, pero tienen propiedades químicas ligeramente diferentes. El tipo de ARN que contiene la información para fabricar una proteína se denomina ARN mensajero (ARNm) porque transporta la información, o el mensaje, desde el ADN hasta el citoplasma.

La traducción, el segundo paso para pasar de un gen a una proteína, tiene lugar en el citoplasma. El ARNm interactúa con un complejo especializado llamado ribosoma, que "lee" la secuencia de bases del ARNm. Cada secuencia de tres bases, llamada codón, suele codificar un aminoácido concreto. (Un tipo de ARN llamado ARN de transferencia (ARNt) ensambla la proteína, un aminoácido cada vez. El ensamblaje de la proteína continúa hasta que el ribosoma encuentra un codón de "parada" (una secuencia de tres bases que no codifica un aminoácido).

El flujo de información del ADN al ARN y a las proteínas es uno de los principios fundamentales de la biología molecular. Es tan importante que a veces se le llama el "dogma central".

Mediante los procesos de transcripción y traducción, la información de los genes se utiliza para fabricar proteínas.

Capítulo 3
Terapia epigenética

La epigenética se refiere al estudio de los cambios en la expresión de los genes que no son resultado de alteraciones en la secuencia del ADN". Los patrones de expresión génica alterados pueden ser el resultado de modificaciones químicas en el ADN y la cromatina, hasta cambios en varios mecanismos reguladores. Las marcas epigenéticas pueden ser heredadas en algunos casos, y pueden cambiar en respuesta a estímulos ambientales a lo largo de la vida de un organismo.

Se sabe que muchas enfermedades tienen un componente genético, pero todavía se están descubriendo los mecanismos epigenéticos que subyacen a muchas afecciones. Se sabe que un número importante de enfermedades cambian la expresión de los genes en el organismo, y la implicación epigenética es una hipótesis plausible de cómo lo hacen. Estos cambios pueden ser la causa de los síntomas de la enfermedad. Se sospecha que varias enfermedades, especialmente el cáncer, activan o desactivan genes de forma selectiva, lo que permite a los tejidos tumorales escapar de la reacción inmunitaria del huésped.

Los mecanismos epigenéticos conocidos suelen agruparse en tres categorías. La primera es la metilación del ADN, en la que se metila un residuo de citosina seguido de un residuo de guanina (CpG). En general, la metilación del ADN atrae a las proteínas que pliegan esa sección de la cromatina y reprimen los genes relacionados. La segunda categoría son las modificaciones de las histonas. Las histonas son proteínas que participan en el plegado y la compactación de la cromatina. Hay varios tipos diferentes de histonas y pueden modificarse químicamente de varias maneras. La acetilación de las colas de las histonas suele dar lugar a interacciones más débiles entre las histonas y el ADN, lo que se asocia a la expresión de los genes. Las histonas pueden modificarse en muchas posiciones, con muchos tipos diferentes de modificaciones químicas, pero actualmente se desconocen los detalles precisos del código de las histonas. La última categoría de mecanismo epigenético es el ARN regulador. Los microARN son pequeñas secuencias no codificantes que intervienen en la expresión de los genes. Se conocen miles de miARN, y el alcance de su participación en la regulación epigenética es un área de investigación en curso.

Retinopatía diabética

La diabetes es una enfermedad en la que el individuo afectado es incapaz de convertir los alimentos en energía. Si no se trata, la enfermedad puede provocar otras complicaciones más graves. Un signo común de la diabetes es la degradación de los vasos sanguíneos en varios tejidos del cuerpo. La retinopatía se refiere al daño de este proceso en la retina, la parte del ojo que percibe la luz. Se sabe que la retinopatía diabética está asociada a una serie de marcadores epigenéticos, como la metilación de los genes Sod2 y MMP-9, el aumento de la transcripción de LSD1, una desmetilasa H3K4 y H3K9, y de varias metiltransferasas de ADN (DNMT), y el aumento de la presencia de miARN para factores de transcripción y VEGF.

Se cree que gran parte de la degeneración vascular de la retina característica de la retinopatía diabética se debe a una actividad mitocondrial deteriorada en la retina. Sod2 codifica una enzima que combate el superóxido, que elimina los radicales libres y evita el daño oxidativo de las células. La LSD1 puede desempeñar un papel importante en la retinopatía diabética a través de la regulación a la baja de la Sod2 en el tejido vascular de la retina, lo que provoca daños oxidativos en esas células. Se cree que la MMP-9 está implicada en la apoptosis celular, y se regula de forma similar, lo que puede contribuir a propagar los efectos de la retinopatía diabética.

Se han estudiado varias vías para el tratamiento epigenético de la retinopatía diabética. Una de ellas consiste en inhibir la metilación de la Sod2 y la MMP-9. Los inhibidores de la DNMT 5-azacytidine y 5-aza-20-deoxycytidine han sido aprobados por la FDA para el tratamiento de otras enfermedades, y los estudios han examinado los efectos de estos compuestos en la retinopatía diabética, donde parecen inhibir estos patrones de metilación con cierto éxito en la reducción de los síntomas. También se ha estudiado el inhibidor de la metilación del ADN Zebularine, aunque los resultados no son actualmente concluyentes. Un segundo enfoque es intentar reducir los miRNAs observados en niveles elevados en los pacientes con retinopatía, aunque el papel exacto de esos miRNAs todavía no está claro. Los inhibidores de la histona acetiltransferasa (HAT) Epigalocatequina-3-galato, Vorinostat y Romidepsina también han sido objeto de experimentación con este fin, con cierto éxito limitado. Se ha discutido la posibilidad de utilizar pequeños ARN de interferencia, o siRNA, para dirigirse a los miRNAs mencionados anteriormente, pero actualmente no se conocen métodos para hacerlo. Este método se ve algo obstaculizado por la dificultad que entraña la entrega de los siRNAs a los tejidos afectados.

La diabetes mellitus de tipo 2 (DMT) tiene muchas variaciones y factores que influyen en cómo afecta al organismo. La metilación del ADN es un proceso por el que los grupos metilo se unen a la estructura del ADN haciendo que el gen no se exprese. Se cree que esto es una causa epigenética de la DMT al hacer que el cuerpo desarrolle una resistencia a la insulina e inhiba la producción de células beta en el páncreas. Debido a los genes reprimidos, el organismo no regula el transporte de azúcar en sangre a las células, lo que provoca una alta concentración de glucosa en el torrente sanguíneo.

Otra variante de la DMT son las especies reactivas de oxígeno (ROS) mitocondriales, que provocan una falta de antioxidantes en la sangre. Esto provoca un estrés por oxidación de las células que conduce a la liberación de radicales libres que inhiben la regulación de la glucosa en sangre y provocan una hiperglucemia. Esto conduce a complicaciones vasculares persistentes que pueden inhibir el flujo sanguíneo a las extremidades y a los ojos. Este entorno hiperglucémico persistente también conduce a la metilación del ADN porque la química dentro de la cromatina en el núcleo se ve afectada.

La medicina actual utilizada por los enfermos de DMT incluye el clorhidrato de metformina, que estimula la producción en el páncreas y favorece la sensibilidad a la insulina. Varios estudios preclínicos han sugerido que añadir a la metformina un tratamiento que inhiba la acetilación y la metilación del ADN y los complejos de histonas. La metilación del ADN se produce en todo el genoma humano y se cree que es un método natural de supresión de genes durante el desarrollo. Se están estudiando y debatiendo tratamientos dirigidos a genes específicos con inhibidores de la metilación y la acetilación.

Miedo, ansiedad y trauma

Las experiencias traumáticas pueden provocar una serie de problemas mentales, entre ellos el trastorno de estrés postraumático. Los avances en los métodos de la terapia cognitivo-conductual, como la terapia de exposición, han mejorado nuestra capacidad para tratar a los pacientes con estos trastornos. En la terapia de exposición, los pacientes se exponen a estímulos que provocan miedo y ansiedad, pero en un entorno seguro y controlado. Con el tiempo, este método conduce a una disminución de la conexión entre los estímulos y la ansiedad. Los mecanismos bioquímicos que subyacen a estos sistemas no se conocen del todo. Sin embargo, el factor neurotrófico derivado del cerebro (BDNF) y los receptores de N-metil-D-aspartato (NMDA) han sido identificados como cruciales en el proceso de la terapia de exposición. El éxito de la terapia de exposición se asocia con el aumento de la acetilación de estos dos genes, lo que conduce a la activación transcripcional de estos genes, que parece aumentar la plasticidad neuronal. Por estas razones, el aumento de la acetilación de estos dos genes ha sido un área importante de investigación reciente en el tratamiento de los trastornos de ansiedad.

La eficacia de la terapia de exposición en roedores aumenta con la administración de Vorinostat, Entinostat, TSA, butirato sódico y VPA, todos ellos conocidos inhibidores de la histona desacetilasa. Varios estudios realizados en los últimos dos años han demostrado que, en los seres humanos, el Vorinostat y el Entinostat también aumentan la eficacia clínica de la terapia de exposición, y se prevé realizar ensayos en humanos con los fármacos que han tenido éxito en los roedores. Además de la investigación sobre la eficacia de los inhibidores de la HDAC, algunos investigadores han sugerido que los activadores de la histona acetiltransferasa podrían tener un efecto similar, aunque no se han completado suficientes investigaciones para sacar conclusiones. Sin embargo, es probable que ninguno de estos fármacos pueda sustituir a la terapia de exposición o a otros métodos de terapia cognitiva conductual. Los estudios con roedores han indicado que la administración de inhibidores de la HDAC sin una terapia de exposición exitosa en realidad empeora significativamente los trastornos de ansiedad, aunque se desconoce el mecanismo de esta tendencia. La explicación más probable es que la terapia de exposición funciona mediante un proceso de aprendizaje, y puede ser potenciada por procesos que aumentan la plasticidad neuronal y el aprendizaje. Sin embargo, si se expone a un sujeto a un estímulo que le provoca ansiedad de tal manera que su miedo no disminuye, los compuestos que aumentan el aprendizaje también pueden aumentar la reconsolidación, reforzando en última instancia la memoria.

Disfunción cardíaca

Se han relacionado varias disfunciones cardíacas con los patrones de metilación de la citosina. Los ratones con deficiencia de DNMT muestran un aumento de la regulación de los mediadores inflamatorios, lo que provoca un aumento de la aterosclerosis y la inflamación. El tejido aterosclerótico presenta un aumento de la metilación en la región promotora del gen de los estrógenos, aunque se desconoce cualquier conexión entre ambos. La hipermetilación del gen HSD11B2, que cataliza las conversiones entre cortisona y cortisol, y que por tanto influye en la respuesta al estrés en los mamíferos, se ha correlacionado con la hipertensión. La disminución de la metilación de LINE-1 es un fuerte indicador predictivo de la cardiopatía isquémica y el accidente cerebrovascular, aunque se desconoce el mecanismo. Diversas alteraciones del metabolismo de los lípidos, que conducen a la obstrucción de las arterias, se han asociado a la hipermetilación de GNASAS, IL-10, MEG3, ABCA1, y a la hipometilación de INSIGF e IGF2. Además, se ha demostrado que la regulación al alza de una serie de miRNAs está asociada con el infarto agudo de miocardio, la enfermedad arterial coronaria y la insuficiencia cardíaca. Los grandes esfuerzos de investigación en este ámbito son muy recientes, ya que todos los descubrimientos mencionados se han realizado desde 2009. Los mecanismos son totalmente especulativos en este momento, y un área de investigación futura.

Los métodos de tratamiento epigenético para la disfunción cardíaca son todavía muy especulativos. Se está investigando la terapia con SiRNAs dirigida a los miRNAs mencionados anteriormente. La principal área de investigación en este campo es la utilización de métodos epigenéticos para aumentar la regeneración de los tejidos cardíacos dañados por diversas enfermedades.

Cáncer

El papel de la epigenética en el cáncer ha sido objeto de intensos estudios. A efectos de la terapia epigenética, los dos hallazgos clave de esta investigación son que los cánceres utilizan con frecuencia mecanismos epigenéticos para desactivar los sistemas antitumorales celulares y que la mayoría de los cánceres humanos activan epigenéticamente oncogenes, como el protooncogen MYC, en algún momento de su desarrollo.

Los inhibidores de la DNMT 5-azacytidina y 5-aza-20-deoxicitidina mencionados anteriormente han sido aprobados por la FDA para el tratamiento de diversas formas de cáncer. Se ha demostrado que estos fármacos reactivan los sistemas antitumorales celulares reprimidos por el cáncer, lo que permite al organismo debilitar el tumor. También se ha utilizado con cierto éxito la zebularina, un activador de una enzima de desmetilación. Debido a sus amplios efectos en todo el organismo, todos estos fármacos tienen importantes efectos secundarios, pero las tasas de supervivencia aumentan considerablemente cuando se utilizan para el tratamiento.

Los polifenoles de la dieta, como los que se encuentran en el té verde y el vino tinto, están relacionados con la actividad antitumoral, y se sabe que influyen epigenéticamente en muchos sistemas del cuerpo humano. Parece probable que exista un mecanismo epigenético para los efectos anticancerígenos de los polifenoles, aunque más allá del hallazgo básico de que los índices globales de metilación del ADN disminuyen en respuesta al aumento del consumo de compuestos polifenólicos, no se conoce ninguna información específica.

Los resultados de la investigación han demostrado que la esquizofrenia está vinculada a numerosas alteraciones epigenéticas, como la metilación del ADN y las modificaciones de las histonas.Por ejemplo, la eficacia terapéutica de los fármacos esquizofrénicos, como los antipsicóticos, se ve limitada por las alteraciones epigenéticas y los estudios futuros buscan los mecanismos bioquímicos relacionados para mejorar la eficacia de dichas terapias. Aunque la terapia epigenética no permita revertir totalmente la enfermedad, puede mejorar notablemente la calidad de vida.

Medicina

La epigenética tiene muchas y variadas aplicaciones médicas potenciales. En 2008, los Institutos Nacionales de la Salud anunciaron que se habían destinado 190 millones de dólares a la investigación epigenética durante los próximos cinco años. Al anunciar la financiación, los funcionarios del gobierno señalaron que la epigenética tiene el potencial de explicar los mecanismos del envejecimiento, el desarrollo humano y los orígenes del cáncer, las enfermedades cardíacas, las enfermedades mentales, así como varias otras condiciones. Algunos investigadores, como el doctor Randy Jirtle, del Centro Médico de la Universidad de Duke, creen que la epigenética puede acabar desempeñando un papel más importante en las enfermedades que la genética.

Gemelos

Las comparaciones directas de gemelos idénticos constituyen un modelo óptimo para interrogar la epigenética ambiental. En el caso de los humanos con diferentes exposiciones ambientales, los gemelos monocigóticos (idénticos) eran epigenéticamente indistinguibles durante sus primeros años, mientras que los gemelos de mayor edad presentaban notables diferencias en el contenido global y la distribución genómica del ADN de 5-metilcitosina y la acetilación de las histonas. Las parejas de gemelos que habían pasado menos tiempo juntos y/o tenían mayores diferencias en sus historiales médicos fueron las que mostraron mayores diferencias en sus niveles de ADN de 5-metilcitosina y acetilación de las histonas H3 y H4.

Los gemelos dicigóticos (fraternos) y monocigóticos (idénticos) muestran indicios de influencia epigenética en los seres humanos. Las diferencias en la secuencia del ADN que serían abundantes en un estudio basado en un solo individuo no interfieren en el análisis. Las diferencias ambientales pueden producir efectos epigenéticos a largo plazo, y los distintos subtipos de gemelos monocigóticos en desarrollo pueden ser diferentes en cuanto a su susceptibilidad de ser discordantes desde el punto de vista epigenético.

Un estudio de alto rendimiento, que denota una tecnología que examina amplios marcadores genéticos, se centró en las diferencias epigenéticas entre gemelos monocigóticos para comparar los cambios globales y específicos de los locus en la metilación del ADN y las modificaciones de las histonas en una muestra de 40 parejas de gemelos monocigóticos. En este caso, sólo se estudiaron pares de gemelos sanos, pero estaba representado un amplio rango de edades, entre 3 y 74 años. Una de las principales conclusiones de este estudio fue que existe una acumulación de diferencias epigenéticas dependiente de la edad entre los dos hermanos de las parejas de gemelos. Esta acumulación sugiere la existencia de una "deriva" epigenética. La deriva epigenética es el término que se da a las modificaciones epigenéticas que se producen en función directa de la edad. Aunque la edad es un factor de riesgo conocido para muchas enfermedades, se ha descubierto que la metilación relacionada con la edad se produce de forma diferencial en lugares específicos del genoma. Con el tiempo, esto puede dar lugar a diferencias medibles entre la edad biológica y la cronológica. Se ha descubierto que los cambios epigenéticos reflejan el estilo de vida y pueden actuar como biomarcadores funcionales de la enfermedad antes de que se alcance el umbral clínico.

Un estudio más reciente, en el que se analizó el estado de metilación del ADN de unas 6.000 regiones genómicas únicas en 114 gemelos monocigóticos y 80 dizigóticos, concluyó que la similitud epigenética en el momento de la división del blastocisto también puede contribuir a las similitudes fenotípicas en los co-gemelos monocigóticos. Esto apoya la idea de que el microambiente en las primeras etapas del desarrollo embrionario puede ser muy importante para el establecimiento de marcas epigenéticas. Las enfermedades genéticas congénitas se conocen bien y está claro que la epigenética puede desempeñar un papel, por ejemplo, en el caso del síndrome de Angelman y del síndrome de Prader-Willi. Se trata de enfermedades genéticas normales causadas por deleciones o inactivación de los genes, pero son inusualmente comunes porque los individuos son esencialmente hemizigotos debido a la impronta genómica y, por tanto, basta con la anulación de un solo gen para causar la enfermedad, cuando en la mayoría de los casos sería necesario anular ambas copias.

Impresión genómica

Algunos trastornos humanos están asociados a la impronta genómica, un fenómeno de los mamíferos en el que el padre y la madre aportan patrones epigenéticos diferentes para loci genómicos específicos en sus células germinales. El caso más conocido de imprinting en los trastornos humanos es el del síndrome de Angelman y el de Prader-Willi: ambos pueden producirse por la misma mutación genética, la deleción parcial del cromosoma 15q, y el síndrome concreto que se desarrollará depende de si la mutación se hereda de la madre del niño o de su padre. Esto se debe a la presencia de impronta genómica en la región. El síndrome de Beckwith-Wiedemann también está asociado a la impronta genómica, a menudo causada por anomalías en la impronta genómica materna de una región del cromosoma 11.

El síndrome de Rett está subyacente a mutaciones en el gen MECP2 a pesar de que no se han encontrado cambios a gran escala en la expresión de MeCP2 en los análisis de microarrays. El BDNF está regulado a la baja en el mutante MECP2 que da lugar al síndrome de Rett.

En el estudio Överkalix, los nietos paternos (pero no maternos) de hombres suecos expuestos durante la preadolescencia a la hambruna en el siglo XIX tenían menos probabilidades de morir de enfermedades cardiovasculares. Si la comida era abundante, la mortalidad por diabetes en los nietos aumentaba, lo que sugiere que se trataba de una herencia epigenética transgeneracional. En el caso de las mujeres se observó el efecto contrario: las nietas paternas (pero no maternas) de las mujeres que sufrieron la hambruna mientras estaban en el vientre materno (y, por tanto, mientras se formaban sus óvulos) vivieron una media de años más corta.

Cáncer

Una variedad de mecanismos epigenéticos pueden ser perturbados en diferentes tipos de cáncer. Las alteraciones epigenéticas de los genes de reparación del ADN o de los genes de control del ciclo celular son muy frecuentes en los cánceres esporádicos (no de línea germinal), siendo significativamente más comunes que las mutaciones de línea germinal (familiares) en estos cánceres esporádicos. Las alteraciones epigenéticas son importantes en la transformación celular en cáncer, y su manipulación es muy prometedora para la prevención, detección y terapia del cáncer. En varias de estas enfermedades se utilizan medicamentos con impacto epigenético. Estos aspectos de la epigenética se abordan en la epigenética del cáncer.

Cicatrización de heridas diabéticas

Las modificaciones epigenéticas han permitido comprender la fisiopatología de diferentes enfermedades. Aunque están fuertemente asociadas al cáncer, su papel en otras condiciones patológicas es igualmente importante. Parece ser que el entorno hiperglucémico podría imprimir tales cambios a nivel genómico, que los macrófagos están preparados para un estado proinflamatorio y podrían no mostrar ninguna alteración fenotípica hacia el tipo pro-curación. Este fenómeno de alteración de la polarización de los macrófagos se asocia principalmente con todas las complicaciones diabéticas en una configuración clínica. A partir de 2018, varios informes revelan la relevancia de diferentes modificaciones epigenéticas con respecto a las complicaciones diabéticas. Tarde o temprano, con los avances en las herramientas biomédicas, la detección de tales biomarcadores como herramientas de pronóstico y diagnóstico en los pacientes podría surgir como enfoques alternativos. Cabe mencionar aquí que el uso de las modificaciones epigenéticas como objetivos terapéuticos justifica una amplia evaluación preclínica y clínica antes de su utilización.

Ejemplos de fármacos que alteran la expresión génica a partir de eventos epigenéticos

El uso de antibióticos betalactámicos puede alterar la actividad de los receptores de glutamato y la acción de la ciclosporina sobre múltiples factores de transcripción. Además, el litio puede afectar a la autofagia de las proteínas aberrantes, y los fármacos opiáceos, a través de su uso crónico, pueden aumentar la expresión de genes asociados a fenotipos adictivos.

Psicología y psiquiatría
Estrés en los primeros años de vida

En un informe pionero de 2003, Caspi y sus colegas demostraron que en una cohorte robusta de más de mil sujetos evaluados en múltiples ocasiones desde la edad preescolar hasta la adulta, los sujetos portadores de una o dos copias del alelo corto del polimorfismo del promotor de la serotonina mostraban tasas más altas de depresión y suicidio en la edad adulta cuando estaban expuestos al maltrato infantil, en comparación con los homocigotos del alelo largo con igual exposición al ELS.

La nutrición de los padres, la exposición al estrés en el útero, los efectos maternos inducidos por el macho, como la atracción de la calidad diferencial de la pareja, y la edad materna y paterna, así como el sexo de la descendencia, podrían influir en que una epimutación de la línea germinal se exprese finalmente en la descendencia y en el grado en que la herencia intergeneracional se mantenga estable a lo largo de la posteridad.

Adicción

La adicción es un trastorno del sistema de recompensa del cerebro que surge a través de mecanismos transcripcionales y neuroepigenéticos y se produce con el tiempo a partir de niveles crónicamente altos de exposición a un estímulo adictivo (por ejemplo, morfina, cocaína, relaciones sexuales, juego, etc.). Se ha observado que la herencia epigenética transgeneracional de los fenotipos adictivos se produce en estudios preclínicos.

Ansiedad

En un estudio preclínico con ratones se ha informado de la herencia epigenética transgeneracional de fenotipos relacionados con la ansiedad. En esta investigación, la transmisión de los rasgos inducidos por el estrés paterno a través de las generaciones implicaba pequeñas señales de ARN no codificante transmitidas a través de la línea germinal masculina.

Depresión

La herencia epigenética de los fenotipos relacionados con la depresión también se ha notificado en un estudio preclínico. La herencia de los rasgos inducidos por el estrés paterno a lo largo de las generaciones implicaba señales de ARN no codificante pequeñas transmitidas a través de la línea germinal paterna.

Condicionamiento del miedo

Los estudios con ratones han demostrado que ciertos miedos condicionados pueden heredarse de cualquiera de los dos progenitores. En un ejemplo, se condicionó a los ratones a temer un olor fuerte, la acetofenona, acompañando el olor con una descarga eléctrica. En consecuencia, los ratones aprendieron a temer sólo el olor de la acetofenona. Se descubrió que este miedo podía transmitirse a las crías de los ratones. A pesar de que las crías nunca experimentaron la descarga eléctrica, los ratones seguían mostrando miedo al olor de la acetofenona, porque heredaban el miedo epigenéticamente mediante la metilación del ADN en sitios específicos. Estos cambios epigenéticos duraron hasta dos generaciones sin reintroducir la descarga.

Ansiedad y asunción de riesgos

En un pequeño estudio clínico en humanos publicado en 2008, se relacionaron las diferencias epigenéticas con las diferencias en la asunción de riesgos y las reacciones al estrés en gemelos monocigóticos. El estudio identificó a gemelos con trayectorias vitales diferentes, en los que uno de ellos mostraba conductas de riesgo y el otro conductas de aversión al riesgo. Las diferencias epigenéticas en la metilación del ADN de las islas CpG próximas al gen DLX1 se correlacionaron con los distintos comportamientos. Los autores del estudio de gemelos señalaron que, a pesar de las asociaciones entre los marcadores epigenéticos y las diferencias en los rasgos de personalidad, la epigenética no puede predecir los procesos complejos de toma de decisiones, como la selección de carrera.

Estrés

Los estudios en animales y humanos han encontrado correlaciones entre los malos cuidados durante la infancia y los cambios epigenéticos que se correlacionan con las deficiencias a largo plazo que resultan de la negligencia.

Los estudios realizados en ratas han demostrado la existencia de correlaciones entre el cuidado materno en términos de lamido de las crías por parte de los padres y los cambios epigenéticos. Un alto nivel de lamido da lugar a una reducción a largo plazo de la respuesta al estrés, medida desde el punto de vista conductual y bioquímico en los elementos del eje hipotálamo-hipófisis-suprarrenal (HPA). Además, se encontró una disminución de la metilación del ADN del gen del receptor de glucocorticoides en las crías que experimentaron un alto nivel de lamido; el receptor de glucorticoides desempeña un papel clave en la regulación del HPA. Lo contrario se encuentra en las crías que experimentaron niveles bajos de lamido, y cuando se cambian las crías, los cambios epigenéticos se invierten. Esta investigación aporta pruebas de un mecanismo epigenético subyacente. También se han realizado experimentos con la misma configuración, utilizando fármacos que pueden aumentar o disminuir la metilación. Por último, las variaciones epigenéticas en el cuidado parental pueden transmitirse de una generación a otra, de la madre a la descendencia femenina. Las crías hembras que recibieron un mayor cuidado parental (es decir, mucho lamido) se convirtieron en madres que lamieron mucho y las crías que recibieron menos lamido se convirtieron en madres que lamieron menos.

En humanos, un pequeño estudio de investigación clínica demostró la relación entre la exposición prenatal al estado de ánimo materno y la expresión genética que da lugar a una mayor reactividad al estrés en la descendencia. Se examinaron tres grupos de bebés: los nacidos de madres medicadas para la depresión con inhibidores de la recaptación de serotonina; los nacidos de madres deprimidas que no recibían tratamiento para la depresión; y los nacidos de madres no deprimidas. La exposición prenatal al estado de ánimo deprimido/ansioso se asoció con un aumento de la metilación del ADN en el gen del receptor de glucocorticoides y con una mayor reactividad al estrés del eje HPA. Los resultados fueron independientes de si las madres recibían tratamiento farmacéutico para la depresión.

Investigaciones recientes también han mostrado la relación de la metilación del receptor materno de glucocorticoides y la actividad neural materna en respuesta a las interacciones madre-hijo en vídeo. El seguimiento longitudinal de esos bebés será importante para comprender el impacto de los cuidados tempranos en esta población de alto riesgo sobre la epigenética y el comportamiento infantil.

Cognición

Aprendizaje y memoria

Una revisión de 2010 analiza el papel de la metilación del ADN en la formación y el almacenamiento de la memoria, pero los mecanismos precisos que implican la función neuronal, la memoria y la inversión de la metilación siguen sin estar claros.

Los estudios en roedores han descubierto que el entorno ejerce una influencia en los cambios epigenéticos relacionados con la cognición, en términos de aprendizaje y memoria; el enriquecimiento ambiental se correlacionó con un aumento de la acetilación de las histonas, y la verificación mediante la administración de inhibidores de la histona desacetilasa indujo la brotación de dendritas, un mayor número de sinapsis y restableció el comportamiento de aprendizaje y el acceso a los recuerdos a largo plazo. Las investigaciones también han relacionado el aprendizaje y la formación de la memoria a largo plazo con cambios epigenéticos reversibles en el hipocampo y el córtex en animales con cerebros normales y no dañados. En los estudios en humanos, los cerebros post mortem de los pacientes con Alzheimer muestran un aumento de los niveles de histona desacetilasa.

Psicopatología y salud mental

Adicción a las drogas

Las influencias ambientales y epigenéticas parecen actuar conjuntamente para aumentar el riesgo de adicción. Por ejemplo, se ha demostrado que el estrés ambiental aumenta el riesgo de abuso de sustancias. En un intento de hacer frente al estrés, el alcohol y las drogas pueden utilizarse como vía de escape. Sin embargo, una vez que se inicia el abuso de sustancias, las alteraciones epigenéticas pueden agravar aún más los cambios biológicos y de comportamiento asociados a la adicción.

Incluso el abuso de sustancias a corto plazo puede producir cambios epigenéticos duraderos en el cerebro de los roedores, a través de la metilación del ADN y la modificación de las histonas. Se han observado modificaciones epigenéticas en estudios sobre roedores con etanol, nicotina, cocaína, anfetamina, metanfetamina y opiáceos.

En concreto, estos cambios epigenéticos modifican la expresión de los genes, lo que a su vez aumenta la vulnerabilidad de un individuo a incurrir en repetidas sobredosis de sustancias en el futuro. A su vez, el aumento del abuso de sustancias provoca cambios epigenéticos aún mayores en varios componentes del sistema de recompensa de los roedores (por ejemplo, en el núcleo accumbens[45]). Por lo tanto, surge un ciclo en el que los cambios en las áreas del sistema de recompensa contribuyen a los cambios neuronales y conductuales duraderos asociados con el aumento de la probabilidad de adicción, el mantenimiento de la adicción y la recaída. En los seres humanos, se ha demostrado que el consumo de alcohol produce cambios epigenéticos que contribuyen a aumentar el deseo de consumirlo. Así, las modificaciones epigenéticas pueden desempeñar un papel en la progresión desde la ingesta controlada hasta la pérdida de control del consumo de alcohol. Estas alteraciones pueden ser a largo plazo, como se pone de manifiesto en los fumadores que todavía poseen cambios epigenéticos relacionados con la nicotina diez años después de haber dejado de fumar. Por lo tanto, las modificaciones epigenéticas pueden explicar algunos de los cambios de comportamiento generalmente asociados a la adicción. Entre ellos se encuentran: los hábitos repetitivos que aumentan el riesgo de enfermedad y los problemas personales y sociales; la necesidad de gratificación inmediata; las altas tasas de recaída tras el tratamiento; y, la sensación de pérdida de control.

Las pruebas de los cambios epigenéticos relacionados provienen de estudios en humanos sobre el abuso de alcohol, nicotina y opiáceos. Las pruebas de los cambios epigenéticos derivados del abuso de anfetaminas y cocaína proceden de estudios en animales. En los animales, se ha demostrado que los cambios epigenéticos relacionados con las drogas en los padres afectan negativamente a la descendencia en términos de una peor memoria de trabajo espacial, una menor atención y una disminución del volumen cerebral.

Trastornos alimentarios y obesidad

Los cambios epigenéticos pueden contribuir a facilitar el desarrollo y el mantenimiento de los trastornos alimentarios a través de influencias en el entorno temprano y a lo largo de la vida.Los cambios epigenéticos prenatales debidos al estrés, el comportamiento y la dieta de la madre pueden predisponer más tarde a la descendencia a un aumento persistente de la ansiedad y a trastornos de ansiedad. Estos problemas de ansiedad pueden precipitar la aparición de trastornos alimentarios y obesidad, y persistir incluso después de la recuperación de los trastornos alimentarios.

Las diferencias epigenéticas que se acumulan a lo largo de la vida pueden explicar las diferencias incongruentes en los trastornos alimentarios observados en gemelos monocigóticos. En la pubertad, las hormonas sexuales pueden ejercer cambios epigenéticos (a través de la metilación del ADN) en la expresión de los genes, lo que explica las mayores tasas de trastornos alimentarios en los hombres en comparación con las mujeres. En general, la epigenética contribuye a la persistencia de comportamientos de autocontrol no regulados relacionados con el impulso de los atracones.

Esquizofrenia

Los cambios epigenéticos, incluida la hipometilación de los genes glutamatérgicos (es decir, el gen de la subunidad del receptor NMDA NR3B y el promotor del gen de la subunidad del receptor AMPA GRIA2) en los cerebros humanos post-mortem de los esquizofrénicos están asociados con el aumento de los niveles del neurotransmisor glutamato. Dado que el glutamato es el neurotransmisor excitador más prevalente y rápido, el aumento de los niveles puede dar lugar a los episodios psicóticos relacionados con la esquizofrenia. Se han detectado cambios epigenéticos que afectan a un mayor número de genes en los hombres con esquizofrenia en comparación con las mujeres que padecen la enfermedad.

Los estudios de población han establecido una fuerte asociación que vincula la esquizofrenia con los hijos de padres mayores. En concreto, los hijos de padres mayores de 35 años tienen hasta tres veces más probabilidades de desarrollar esquizofrenia. Se ha demostrado que las disfunciones epigenéticas en los espermatozoides masculinos humanos, que afectan a numerosos genes, aumentan con la edad. Esto proporciona una posible explicación del aumento de las tasas de la enfermedad en los hombres[verificación fallida] A este respecto, se ha demostrado que las toxinas (por ejemplo, los contaminantes atmosféricos) aumentan la diferenciación epigenética. Los animales expuestos al aire ambiente de las acerías y las autopistas muestran cambios epigenéticos drásticos que persisten después de la eliminación de la exposición. Por lo tanto, es probable que se produzcan cambios epigenéticos similares en los padres humanos de edad avanzada. Los estudios sobre la esquizofrenia proporcionan pruebas de que el debate naturaleza versus crianza en el campo de la psicopatología debe ser reevaluado para dar cabida al concepto de que los genes y el medio ambiente trabajan en conjunto. Así, se ha propuesto que muchos otros factores ambientales (por ejemplo, las deficiencias nutricionales y el consumo de cannabis) aumentan la susceptibilidad de los trastornos psicóticos como la esquizofrenia a través de la epigenética.

Trastorno bipolar

Las pruebas de las modificaciones epigenéticas del trastorno bipolar no están claras. Un estudio descubrió la hipometilación del promotor de un gen de una enzima del lóbulo prefrontal (es decir, la catecol-O-metiltransferasa unida a la membrana, o COMT) en muestras cerebrales post-mortem de individuos con trastorno bipolar. La COMT es una enzima que metaboliza la dopamina en la sinapsis. Estos hallazgos sugieren que la hipometilación del promotor da lugar a una sobreexpresión de la enzima. A su vez, esto da lugar a una mayor degradación de los niveles de dopamina en el cerebro. Estos hallazgos proporcionan pruebas de que la modificación epigenética en el lóbulo prefrontal es un factor de riesgo para el trastorno bipolar. Sin embargo, un segundo estudio no encontró diferencias epigenéticas en los cerebros post-mortem de individuos bipolares.

Trastorno depresivo mayor

Las causas del trastorno depresivo mayor (TDM) son poco conocidas desde la perspectiva de la neurociencia. Los cambios epigenéticos que conducen a cambios en la expresión de los receptores de glucocorticoides y su efecto en el sistema de estrés

HPA, discutidos anteriormente, también se han aplicado a los intentos de entender el MDD.

Gran parte de los trabajos en modelos animales se han centrado en la disminución indirecta del factor neurotrófico derivado del cerebro (BDNF) por la sobreactivación del eje del estrés. Los estudios realizados en varios modelos de depresión en roedores, que a menudo implican la inducción de estrés, han encontrado también una modulación epigenética directa del BDNF.

Psicopatía

La epigenética puede ser relevante para aspectos del comportamiento psicopático a través de la metilación y la modificación de las histonas. Estos procesos son heredables, pero también pueden estar influidos por factores ambientales como el tabaquismo y el abuso. La epigenética puede ser uno de los mecanismos a través de los cuales el entorno puede influir en la expresión del genoma. Los estudios también han relacionado la metilación de los genes con la dependencia de la nicotina y el alcohol en las mujeres, el TDAH y el abuso de drogas. Es probable que la regulación epigenética, así como los perfiles de metilación, desempeñen un papel cada vez más importante en el estudio del juego entre el entorno y la genética de los psicópatas.

Suicidio

Un estudio de los cerebros de 24 suicidas, 12 de los cuales tenían antecedentes de maltrato infantil y 12 que no los tenían, descubrió una disminución de los niveles del receptor de glucocorticoides en las víctimas de maltrato infantil y cambios epigenéticos asociados.

Capítulo 4
Epigenética computacional

El trabajo en epigenética computacional incluye la creación e implementación de herramientas bioinformáticas para abordar problemas epigenéticos, el análisis estadístico de datos y la modelización teórica en el sentido de la epigenética. Implica la simulación del impacto de la metilación de las islas CpG de las histonas y del ADN.

Procesamiento y análisis de datos epigenéticos Se han desarrollado muchas técnicas experimentales para el mapeo de detalles epigenéticos en todo el genoma, las más utilizadas son ChIP-on-chip, ChIP-seq y la secuenciación de bisulfitos. Ambos enfoques producen grandes volúmenes de datos e incluyen métodos eficaces de recogida de datos y gestión de la calidad a través de la bioinformática.

Predicción del epigenoma Una gran cantidad de trabajos bioinformáticos se ha dedicado al análisis de conocimientos epigenéticos dependientes de las propiedades de la secuencia del genoma. Dichas predicciones tienen un objetivo específico. En primer lugar, las predicciones epigenómicas fiables pueden sustituir, en cierta medida, a los resultados experimentales, que son especialmente relevantes para los mecanismos epigenéticos recién descubiertos y para los organismos distintos del ser humano y el ratón. En segundo lugar, los algoritmos de predicción construyen modelos estadísticos de conocimiento epigenético a partir de datos de entrenamiento y, por tanto, pueden servir como un primer paso hacia el análisis cuantitativo del proceso epigenético. Se ha logrado un análisis estadístico exitoso de la metilación y acetilación del ADN y de la lisina mediante combinaciones con diversas características.

Aplicaciones del cáncer epigenético

El papel esencial de las mutaciones epigenéticas del cáncer está abriendo nuevas posibilidades para una mejor detección y atención. Estas exitosas áreas de investigación plantean dos problemas especialmente adecuados para el estudio bioinformático. En el primer caso, si se dispone de una colección de regiones genómicas con variaciones epigenéticas entre las células tumorales y los controles (o entre diferentes subtipos de la enfermedad), ¿debemos identificar patrones comunes o encontrar pruebas de una relación de funcionamiento entre estas regiones y el cáncer? En segundo lugar, ¿podemos utilizar los enfoques bioinformáticos para mejorar el diagnóstico y el tratamiento mediante la identificación y la clasificación de los subtipos esenciales de la enfermedad?

Contribución de las modificaciones epigenéticas a la evolución

La epigenética es el estudio de los cambios en la expresión de los genes que se producen a través de mecanismos como la metilación del ADN, la acetilación de las histonas y la modificación de los microARN. Cuando estos cambios epigenéticos son heredables, pueden influir en la evolución. Las investigaciones actuales indican que la epigenética ha influido en la evolución de varios organismos, entre ellos las plantas y los animales.[

En las plantas

La metilación del ADN es un proceso por el que se añaden grupos metilo a la molécula de ADN. La metilación puede cambiar la actividad de un segmento de ADN sin cambiar la secuencia. Las histonas son proteínas que se encuentran en los núcleos celulares y que empaquetan y ordenan el ADN en unidades estructurales llamadas nucleosomas.

La metilación del ADN y la modificación de las histonas son dos mecanismos utilizados para regular la expresión de los genes en las plantas. La metilación del ADN puede ser estable durante la división celular, lo que permite que los estados de metilación se transmitan a otros genes ortólogos de un genoma. La metilación del ADN puede revertirse mediante el uso de enzimas conocidas como desmetilasas del ADN, mientras que las modificaciones de las histonas pueden revertirse mediante la eliminación de los grupos acetilo de las histonas con las desacetilasas. Se ha demostrado que las diferencias interespecíficas debidas a factores ambientales están asociadas a la diferencia entre los ciclos de vida anuales y perennes. En función de ello, puede haber diferentes respuestas adaptativas.

Arabidopsis thaliana

Las formas de metilación de las histonas provocan la represión de ciertos genes que se heredan de forma estable a través de la mitosis, pero que también pueden borrarse durante la meiosis o con la progresión del tiempo. La inducción de la floración por la exposición a bajas temperaturas invernales en Arabidopsis thaliana muestra este efecto. La metilación de las histonas participa en la represión de la expresión de un inhibidor de la floración durante el frío. En las especies anuales y semilleras, como Arabidopsis thaliana, esta metilación de histonas se hereda de forma estable a través de la mitosis tras el retorno de las temperaturas frías a las cálidas, lo que da a la planta la oportunidad de florecer de forma continua durante la primavera y el verano hasta su senescencia. Sin embargo, en los parientes perennes e iteróparos la modificación de la histona desaparece rápidamente cuando las temperaturas aumentan, permitiendo que la expresión del inhibidor floral aumente y limitando la floración a un intervalo corto. Las modificaciones epigenéticas de las histonas controlan un rasgo adaptativo clave en Arabidopsis thaliana, y su patrón cambia rápidamente durante la evolución asociado a la estrategia reproductiva.

En otro estudio se analizaron varias líneas endógamas recombinantes epigenéticas (epiRILs) de Arabidopsis thaliana - líneas con genomas similares pero con distintos niveles de metilación del ADN- para comprobar su sensibilidad a la sequía y al estrés nutricional. Se descubrió que había una cantidad significativa de variación heredable en las líneas en lo que respecta a rasgos importantes para la supervivencia a la sequía y al estrés nutricional. Este estudio demostró que la variación en la metilación del ADN puede dar lugar a una variación heredable de rasgos vegetales ecológicamente importantes, como la asignación de raíces, la tolerancia a la sequía y la plasticidad de los nutrientes. También dio a entender que la variación epigenética por sí sola podría dar lugar a una rápida evolución.

Dientes de león

Los científicos descubrieron que los cambios en la metilación del ADN inducidos por el estrés se heredaban en los dientes de león asexuales. Se expusieron plantas genéticamente similares a diferentes estreses ecológicos, y su descendencia se crió en un entorno sin estrés. Se utilizaron marcadores de polimorfismo de longitud de fragmentos amplificados que eran sensibles a la metilación para comprobar la metilación a escala del genoma. Se descubrió que muchos de los estreses ambientales causaban la inducción de defensas contra patógenos y herbívoros, lo que provocaba la metilación en el genoma. Estas modificaciones se transmitieron genéticamente a los dientes de león descendientes. La herencia transgeneracional de una respuesta al estrés puede contribuir a la plasticidad hereditaria del organismo, permitiéndole sobrevivir mejor a las tensiones ambientales. También ayuda a aumentar la variación genética de linajes específicos con poca variabilidad, lo que da una mayor posibilidad de éxito reproductivo.

En los animales

Un análisis comparativo de los patrones de metilación CpG entre humanos y primates descubrió que había más de 800 genes que variaban en sus patrones de metilación entre orangutanes, gorilas, chimpancés y bonobos. A pesar de que estos simios tienen los mismos genes, las diferencias de metilación son las que explican su variación fenotípica.

Los genes en cuestión están implicados en el desarrollo. No son las secuencias de proteínas las que explican las diferencias en las características físicas entre humanos y simios, sino los cambios epigenéticos de los genes. Como los humanos y los grandes simios comparten el 99% de su ADN, se cree que las diferencias en los patrones de metilación explican su distinción. Hasta el momento, se sabe que hay 171 genes con metilación única en los humanos, 101 genes con metilación única en chimpancés y bonobos, 101 genes con metilación única en gorilas y 450 genes con metilación única en orangutanes.

Por ejemplo, los genes que intervienen en la regulación de la presión arterial y en el desarrollo del canal semicircular del oído interno están muy metilados en los humanos, pero no en los simios. También hay 184 genes que se conservan a nivel proteico entre humanos y chimpancés, pero que presentan diferencias epigenéticas. El enriquecimiento en múltiples categorías de genes independientes muestra que los cambios reguladores de estos genes han dado a los humanos sus rasgos específicos. Esta investigación demuestra que la epigenética desempeña un papel importante en la evolución de los primates.También se ha demostrado que los cambios en los elementos reguladores cis afectan a los sitios de inicio de la transcripción (TSS) de los genes. Se ha encontrado que 471 secuencias de ADN están enriquecidas o agotadas en cuanto a la trimetilación de la histona H3K4 en los córtex prefrontales de chimpancés, humanos y macacos. Entre estas secuencias, 33 están metiladas selectivamente en la cromatina neuronal de niños y adultos, pero no en la cromatina no neuronal. Uno de los locus que estaba selectivamente metilado era el DPP10, una secuencia reguladora que mostraba evidencias de adaptación a los homínidos, como mayores tasas de sustitución de nucleótidos y ciertas secuencias reguladoras que faltaban en otros primates.

La regulación epigenética de la cromatina TSS se ha identificado como un importante desarrollo en la evolución de las redes de expresión génica en el cerebro humano. Se cree que estas redes desempeñan un papel en los procesos cognitivos y los trastornos neurológicos. Un análisis de los perfiles de metilación de los espermatozoides de humanos y primates revela que la regulación epigenética también desempeña un papel importante en este caso. Dado que las células de los mamíferos sufren una reprogramación de los patrones de metilación del ADN durante el desarrollo de las células germinales, los metilomas de los espermatozoides de humanos y chimpancés pueden compararse con la metilación de las células madre embrionarias (CME). Había muchas regiones hipometiladas tanto en los espermatozoides como en las CME que mostraban diferencias estructurales. Además, muchos de los promotores de los espermatozoides humanos y de los chimpancés presentaban diferentes cantidades de metilación. En esencia, los patrones de metilación del ADN difieren entre las células germinales y las somáticas, así como entre los espermatozoides de humanos y chimpancés. Es decir, las diferencias en la metilación de los promotores podrían explicar las diferencias fenotípicas entre humanos y primates.

Pollos

Las aves de la selva roja, ancestro de los pollos domésticos, muestran que la expresión génica y los perfiles de metilación en el tálamo y el hipotálamo difieren significativamente de los de una raza domesticada que pone huevos. Las diferencias de metilación y la expresión de los genes se mantuvieron en la descendencia, lo que demuestra que la variación epigenética se hereda. Algunas de las diferencias de metilación heredadas eran específicas de ciertos tejidos, y la metilación diferencial en loci específicos no se alteró mucho tras el entrecruzamiento entre las gallinas de la selva roja y las gallinas ponedoras domesticadas durante ocho generaciones.Los resultados insinúan que la domesticación ha provocado cambios epigenéticos, ya que las gallinas domesticadas mantuvieron un mayor nivel de metilación para más del 70% de los genes

Papel en la evolución

El papel de la epigenética en la evolución está claramente vinculado a las presiones selectivas que regulan ese proceso. A medida que los organismos dejan descendencia que se adapta mejor a su entorno, las presiones ambientales cambian la expresión de los genes del ADN que se transmiten a su descendencia, lo que les permite también prosperar mejor en su entorno. El caso clásico de las ratas que experimentan el lamido y el acicalamiento de sus madres pasan este rasgo a su descendencia demuestra que no es necesaria una mutación en la secuencia de ADN para un cambio heredable. Básicamente, un alto grado de crianza materna hace que la descendencia de esa madre tenga más probabilidades de criar a sus propios hijos con un alto grado de cuidado también. Las ratas con un menor grado de crianza materna son menos propensas a criar a sus propias crías con tanto cuidado. Además, las tasas de mutaciones epigenéticas, como la metilación del ADN, son mucho más altas que las tasas de mutaciones transmitidas genéticamente y son fácilmente reversibles. Esto permite que la variación dentro de una especie aumente rápidamente, en tiempos de estrés, proporcionando la oportunidad de adaptarse a las nuevas presiones de selección.

Capítulo 5
Epigenética del comportamiento

La epigenética del comportamiento, mediante la descripción de las investigaciones sobre los orígenes del desarrollo de las enfermedades de los adultos, que sugieren que el feto en realidad está haciendo adaptaciones a través de la programación para "prepararse" para el entorno postnatal en respuesta a las señales ambientales

Estos efectos se deben, en parte, a mecanismos epigenéticos, lo que plantea la fascinante cuestión de si estos mecanismos pueden explicar también los resultados del comportamiento, proporcionando así un ejemplo del tipo de investigación que podría dar lugar a un nuevo campo: la epigenética del comportamiento. La epigenética del comportamiento se describe como la aplicación de los principios de la epigenética al estudio de los mecanismos fisiológicos, genéticos, ambientales y de desarrollo del comportamiento en animales humanos y no humanos. Las investigaciones suelen centrarse en el nivel de los cambios químicos, la expresión de los genes y los procesos biológicos que subyacen al comportamiento normal y anormal.

Esto incluye cómo el comportamiento afecta y es afectado por los procesos epigenéticos. Con un enfoque interdisciplinar, se basa en ciencias como la neurociencia, la psicología y la psiquiatría, la genética, la bioquímica y la psicofarmacología. Aunque se han realizado miles de estudios sobre epigenética en los últimos 40 años, la aplicación de la epigenética al estudio del comportamiento apenas está empezando. Una búsqueda bibliográfica de citas encontró sólo 96 artículos hasta la fecha sobre epigenética del comportamiento.

Procesos y mecanismos básicos

Una perspectiva amplia de la epigenética incluye cualquier adaptación estructural en las regiones cromosómicas que medie en la alteración de las tasas de transcripción de los genes. La regulación epigenética, también conocida como remodelación de la cromatina, en las neuronas, describe un proceso en el que la actividad de un gen concreto está controlada por la estructura de la cromatina en la proximidad de ese gen La remodelación de la cromatina es compleja, e implica múltiples modificaciones covalentes de las histonas (p. ej, acetilación, fosforilación, metilación), complejos proteicos que contienen ATPasas que mueven los oligómeros de histonas a lo largo de una cadena de ADN, metilación del ADN y la unión de numerosos factores de transcripción y coactivadores y corepresores transcripcionales, que actúan de forma concertada para determinar la actividad de un gen determinado. La regulación epigenética es crucial para el desarrollo del sistema nervioso. En concreto, puede ayudar a dilucidar cómo los genes se ven afectados por estímulos ambientales, incluidos varios síndromes comunes de retraso mental y trastornos del neurodesarrollo relacionados que están causados por anomalías en los mecanismos de remodelación de la cromatina.

La regulación epigenética también se produce en el cerebro maduro y plenamente diferenciado y proporciona mecanismos únicos que pueden subyacer a los cambios estables en la expresión de los genes tanto en condiciones normales (por ejemplo, el aprendizaje y la memoria) como en varios estados patológicos (por ejemplo, la depresión, la drogadicción, la esquizofrenia y la enfermedad de Huntington, entre otros). En algunos casos poco frecuentes (por ejemplo, la impronta genética), las modificaciones epigenéticas pueden transmitirse a la descendencia, lo que plantea la posibilidad de que la experiencia conductual en la vida adulta pueda influir en la expresión de los genes en las generaciones posteriores. Sin embargo, aún no hay pruebas definitivas de la transmisión epigenética de la experiencia conductual. Aunque los trabajos sobre los mecanismos epigenéticos en el cerebro se encuentran todavía en una fase inicial, prometen mejorar nuestra comprensión de la plasticidad cerebral y la fisiopatología de los trastornos neuropsiquiátricos, y pueden conducir al desarrollo de tratamientos fundamentalmente nuevos para estas afecciones.

Los organismos deben hacer frente a todo tipo de fluctuaciones, desde las muy rápidas y agudas (por ejemplo, el ayuno nocturno seguido del desayuno) hasta las condiciones crónicas que cambian sólo gradualmente (por ejemplo, las glaciaciones o la migración a un nuevo entorno). Una serie de mecanismos de adaptación permite a las poblaciones humanas ajustarse a estas diversas escalas temporales de cambio. La selección natural tamiza el acervo genético para seleccionar las variantes genéticas más adecuadas a las características más estables de las ecologías locales. En el otro extremo se encuentran los procesos homeostáticos rápidos y reversibles, que mantienen la constancia interna en un contexto de condiciones ambientales dinámicas, como la ingesta de alimentos o el estrés psicosocial. Señaló la importancia adaptativa de la plasticidad del desarrollo o la capacidad basada en cambios epigenéticos y de otro tipo que permite a un único genoma crear una serie de posibles rasgos en interacción con el entorno (por ejemplo, el crecimiento de pulmones más grandes cuando se cría a gran altura). Dado que los organismos sólo se desarrollan una vez, el cambio de desarrollo en respuesta a las condiciones ambientales suele ser un proceso irreversible; por tanto, la plasticidad del desarrollo es un modo adecuado de adaptación a las características ambientales que son demasiado crónicas para ser amortiguadas por la homeostasis, pero que también son demasiado transitorias para que las adaptaciones genéticas se consoliden en torno a ellas.

Muchos ejemplos documentados de sensibilidad epigenética implican la adopción de cambios estables en la regulación de los genes en respuesta a experiencias durante etapas limitadas y tempranas del desarrollo (períodos sensibles). ¿Podría tener sentido adaptativo para una especie longeva como el ser humano comprometerse con una estrategia de vida tan temprana en el ciclo vital? Limitar la sensibilidad epigenética a las primeras etapas del desarrollo puede, de hecho, crear oportunidades para ajustar la biología a señales ambientales más fiables en forma del propio fenotipo de la madre. Entre los ejemplos que sugieren la capacidad de la generación actual para adaptar el desarrollo a las características maternas que reflejan sus experiencias acumuladas se encuentran el ajuste de la tasa de crecimiento infantil a la leptina de la leche materna como señal de la historia energética de la madre, y los trabajos realizados en Filipinas que sugieren que el crecimiento fetal puede calibrarse en función de las experiencias nutricionales acumuladas de una mujer a lo largo de su vida. En ambos ejemplos, la biología del desarrollo de las crías no es sensible a las condiciones potencialmente transitorias (y, por tanto, poco fiables) durante el breve periodo de embarazo o lactancia. Por el contrario, los recursos y señales maternos que se transfieren a la descendencia pueden ser de naturaleza más integradora y acumulativa y, por tanto, proporcionar potencialmente una base más fiable para el ajuste adaptativo. Kuzawa planteó la hipótesis de que el momento de los primeros periodos sensibles, durante los cuales se establecen muchos ajustes epigenéticos, puede ser algo más que accidental, sino que refleja la evolución de una especie de conducto que permite la transferencia de información no genómica entre generaciones.

Mecanismos epigenéticos en la formación de la memoria

Sweatt abordó la idea de que la conservación de los mecanismos epigenéticos para el almacenamiento de información representa un modelo unificador en biología, con mecanismos epigenéticos que se utilizan para la memoria celular en niveles que van desde la memoria conductual hasta el desarrollo y la diferenciación celular. Como telón de fondo, Sweatt habló de cómo la metilación del ADN y las modificaciones de las histonas son los dos mecanismos epigenéticos más ampliamente investigados. Como describió Sweatt, hasta hace poco se pensaba que, una vez establecidas, estas marcas epigenéticas permanecerían inalteradas durante toda la vida del organismo; sin embargo, estudios recientes, incluidos los del laboratorio de Sweatt, han cuestionado esta opinión. No obstante, está claro que la metilación del ADN y los cambios que conlleva en la estructura de la cromatina son capaces de autorregenerarse y autoperpetuarse, características necesarias para una marca molecular estable. Así pues, Sweatt discutió la amplia hipótesis de que las marcas de metilación del ADN pueden modificarse en respuesta a la experiencia de un organismo y que estas marcas desempeñan un papel en la regulación dinámica de la transcripción de genes que apoyan la plasticidad sináptica y la formación y el mantenimiento de la memoria a largo plazo (Fig. 4).

La presentación de Sweatt también describió varias pruebas que apoyan la idea de que la metilación del ADN desempeña un papel en la función de la memoria en el sistema nervioso central (SNC) adulto. Así, describió cómo los inhibidores generales de la actividad de la metiltransferasa del ADN (DNMT) alteran la metilación del ADN en el cerebro adulto y modifican el estado de metilación del ADN de los genes promotores de la plasticidad reelina y bdnf. Otros estudios demostraron que la expresión de la DNMT de novo está regulada en el hipocampo de la rata adulta tras el condicionamiento contextual del miedo y que el bloqueo de la actividad de la DNMT bloquea el condicionamiento contextual del miedo. Además, se presentaron resultados que demostraban que el condicionamiento del miedo se asocia con una rápida metilación y silenciamiento transcripcional del gen supresor de la memoria, la proteína fosfatasa 1 (PP1), y la desmetilación y activación transcripcional del gen de la plasticidad, la reelina. Estos resultados tienen la sorprendente implicación de que tanto la metilación activa del

ADN como la desmetilación activa podrían estar implicadas en la consolidación de la memoria a largo plazo en el SNC adulto.

Por último, se describió una serie de estudios recientes que descubrieron que el locus del gen bdnf también está sujeto a cambios en la metilación del ADN asociados a la memoria y, además, que este efecto está regulado por el receptor NMDA. También se presentaron datos que indicaban que los animales deficientes en DNMT neuronal presentan déficits en el condicionamiento contextual del miedo, en la tarea de aprendizaje del laberinto de Morris y en la potenciación a largo plazo (LTP) del hipocampo. En general, Sweatt concluyó que la metilación del ADN se regula dinámicamente en el SNC adulto en respuesta a la experiencia y que este mecanismo celular es un paso crucial en la formación de la memoria.

Enzimas modificadoras de la cromatina en la memoria a largo plazo

En la segunda presentación de la sesión, Marcelo A. Wood (Universidad de California, Irvine) habló del papel de las enzimas modificadoras de la cromatina en la regulación de la expresión génica necesaria para la formación de la memoria a largo plazo. ¿Por qué son necesarias las enzimas modificadoras de la cromatina para regular la expresión génica? Una respuesta simplista proviene del nivel de compactación que sufre el ADN genómico al ser comprimido para caber en un núcleo. El ADN genómico tiene dos metros de longitud, pero tiene que caber en un núcleo de seis micras y, por tanto, debe sufrir una compactación de aproximadamente 10.000 veces. Esto genera un problema de acceso e indexación, que se resuelve en parte mediante enzimas modificadoras de la cromatina. Las enzimas modificadoras de la cromatina mejor estudiadas en el campo del aprendizaje y la memoria son las enzimas modificadoras de la histona, especialmente las histonas acetiltransferasas (HAT) y las histonas desacetilasas (HDAC).

En la primera parte de su charla, Wood presentó las investigaciones de su laboratorio para examinar el papel de la proteína de unión a CREB (CBP), un potente HAT y coactivador transcripcional, en la memoria a largo plazo. Una de las limitaciones del estudio del papel de la CBP en el aprendizaje y la memoria ha sido la falta de ratones modificados genéticamente con suficiente regulación espacial y temporal. El laboratorio Wood utilizó ratones CBP-FLOX modificados genéticamente, en combinación con un virus adeno-asociado (AAV) que expresaba la recombinasa Cre, para generar deleciones focales homocigotas de Cbp sólo en el área CA1 del hipocampo dorsal. Este novedoso enfoque dio lugar a la restricción espacial necesaria para estudiar el papel de la Cbp en una región del cerebro y su efecto en la memoria a largo plazo; además, proporcionó la restricción temporal para estudiar una deleción homocigótica de la Cbp en ratones adultos, lo que evita confusiones por cuestiones de desarrollo o rendimiento. El laboratorio de Wood descubrió que la supresión homocigótica de la Cbp provocaba alteraciones de la memoria a largo plazo dependientes del hipocampo, asociadas a una disminución de los niveles de modificaciones específicas de las histonas y a una menor expresión de los genes.

En la segunda parte de su charla, Wood presentó una investigación que examina el papel de una HDAC específica en la formación de la memoria a largo plazo. Hasta la fecha, nunca se había examinado la función de la HDAC3, una de las HDAC de clase I más expresadas en el cerebro. De nuevo, utilizando la recombinasa Cre que expresa AAV y ratones modificados genéticamente con HDAC3-FLOX, el laboratorio Wood demostró que HDAC3 es un regulador negativo clave de la formación de la memoria a largo plazo en el hipocampo. La supresión homocigótica de Hdac3 en el área CA1 del hipocampo condujo a una mejora de la memoria a largo plazo asociada a un aumento de los niveles de modificaciones específicas de las histonas y a un incremento de la expresión génica. Se observaron resultados similares cuando un inhibidor selectivo de HDAC3, llamado RGFP136, se administró específicamente en el hipocampo dorsal. En conjunto, los datos genéticos y farmacológicos demostraron que la HDAC3 es un regulador negativo de la formación de la memoria a largo plazo.

En resumen, Wood postuló que las HDACs representan un tipo de pastilla de freno molecular que normalmente se activa pero que se elimina transitoriamente por una señalización dependiente de la actividad suficiente para regular la transcripción necesaria para la formación de la memoria a largo plazo. Wood concluyó sugiriendo que este proceso puede representar un mecanismo molecular para explicar por qué no codificamos todo lo que experimentamos en la memoria a largo plazo. Además, el funcionamiento defectuoso de estas pastillas de freno moleculares puede estar relacionado con trastornos como la drogadicción y el trastorno de estrés postraumático.

Mecanismos de señalización y epigenéticos en la formación de la memoria relacionada con el estrés

En la última ponencia, Johannes (Hans) Reul (Universidad de Bristol, Reino Unido) presentó un nuevo mecanismo que podría explicar por qué recordamos con tanta intensidad los acontecimientos psicológicamente estresantes y emocionales de nuestra vida. El mecanismo que propuso tiene que ver con la interacción entre diferentes vías de señalización que influyen en los procesos epigenéticos de las neuronas del hipocampo, una región del cerebro límbico que participa en el aprendizaje y la memoria. Los acontecimientos estresantes, por ejemplo, una disputa doméstica o una entrevista de trabajo, o en los animales, el ataque de un depredador, evocan la secreción de hormonas glucocorticoides de la glándula suprarrenal. Clásicamente, estas hormonas regulan los procesos metabólicos y otros procesos fisiológicos que permiten al individuo afrontar el reto de la mejor manera posible.

Sin embargo, Reul informó de que las investigaciones de los últimos 25 años han aportado pruebas de que los glucocorticoides segregados durante un desafío psicológico estresante mejoran la consolidación de los recuerdos relacionados con el evento, una observación que ha permanecido sin explicación hasta ahora. Un hallazgo realizado en la década de 1980 por el grupo de Kloet señaló al giro dentado, la puerta de entrada del hipocampo, como lugar de acción de los glucocorticoides en la formación de la memoria relacionada con el estrés.

En su presentación, Reul demostró que la acción de la hormona requería distintas modificaciones epigenéticas de la cromatina: la fosforilación de la serina10 (S10), en combinación con la acetilación de la lisina14 (K14) de la histona H3 (H3S10p-K14ac), lo que conducía a la inducción de los genes tempranos inmediatos c-Fos y Egr-1 en las neuronas granulares del giro dentado de ratas y ratones in vivo.

Como el receptor de gluco-corticoides (RG) no puede provocar estas modificaciones de las histonas directamente, Reul sugirió que el RG actúa indirectamente mediante la interacción con otras moléculas de señalización. Más concretamente, postuló que el RG interactúa con la vía de señalización de la ERK (quinasa regulada por señales extracelulares) activada por el receptor NMDA, que tiene un marcado papel en los procesos de aprendizaje y memoria. En apoyo de esta idea, Reul presentó datos in vivo no publicados que muestran claramente que en las neuronas del gránulo dentado activadas, es decir, las que presentan ERK1/2 fosforilada (pERK1/2), los GR son necesarios para activar las enzimas modificadoras de las histonas MSK1 (quinasa activada por mitógenos y estrés 1), y Elk-1 (proteína similar a Ets-1)

Reul pasó a describir la pMSK1, una quinasa que puede fosforilar la histona H3 en la serina 10, mientras que la pElk-1 se une a la HAT p300, que puede acetilar las colas de las histonas. Además, mostrando una serie de imágenes de inmunofluorescencia, demostró que, durante la fase de consolidación de la formación de la memoria, todas las moléculas de señalización participantes (pERK1/2, pMSK1, pElk-1), las moléculas de histona modificadas (H3S10p-K14ac) y los productos génicos inducidos de forma intermedia (c-Fos, Egr-1) pueden encontrarse en las mismas neuronas del giro dentado. Además, demostró que el bloqueo de los GRs conducía a una disminución sustancial de la formación de pMSK1 y pElk-1, pero no de pERK1/2, en las neuronas del gránulo dentado tras el estrés de la natación forzada. Concluyó que los eventos estresantes se codifican fuertemente en la memoria debido al marcado papel activador de los GRs sobre la ERK MAPK, señalizando a la cromatina en las neuronas del giro dentado. Estos resultados pueden ser importantes para los trastornos psiquiátricos relacionados con el estrés, como la depresión mayor y la ansiedad, incluido el TEPT.

Las presentaciones formales fueron seguidas de un amplio y animado debate sobre las funciones y la regulación de los mecanismos epigenéticos en la plasticidad sináptica a largo plazo y la memoria conductual in vivo.

Alteraciones de la metilación del ADN, restricción del crecimiento y neurocomportamiento infantil

La primera charla corrió a cargo de Carmen J. Marsit (Universidad de Brown) y se centró en la alteración de las marcas epigenéticas en la placenta. Los estudios epidemiológicos identifican las variaciones en el peso al nacer como un factor de predicción de la salud a lo largo de la vida, incluido el riesgo de trastornos neuropsiquiátricos. Marsit habló de una forma novedosa de considerar los efectos del entorno intrauterino en el neurodesarrollo infantil en poblaciones humanas, centrándose en cómo las diferencias en la metilación del ADN en regiones genómicas específicas de la placenta humana están asociadas con el neurocomportamiento infantil. La placenta actúa como regulador principal del entorno intrauterino, no sólo a través del intercambio de nutrientes, gases, agua y residuos, sino también mediante la producción de hormonas, proteínas y factores de crecimiento relacionados con el embarazo, incluidas las hormonas neuropéptidas análogas a las producidas por el hipotálamo y la hipófisis. Por último, la placenta también actúa como una barrera que comúnmente metaboliza las hormonas maternas a formas inactivas y, por lo tanto, estabiliza el entorno endocrino intrauterino. Estas consideraciones han llevado al concepto de que la placenta actúa como el "tercer cerebro" al vincular el estado fisiológico materno desarrollado con el feto en desarrollo.

Es importante destacar que la expresión génica de la placenta está sujeta a la regulación ambiental. El grupo de Marsit estudió cómo los cambios en los patrones de metilación del ADN en la placenta pueden alterar la función de la placenta en estos papeles críticos y, a su vez, cómo estas alteraciones se manifiestan en fenotipos neuroconductuales en los bebés, caracterizados mediante las bien establecidas Escalas Neuroconductuales de la Red de Unidades de Cuidados Intensivos Neonatales (NNNS).

Marsit destacó el trabajo que vincula los patrones de metilación del ADN en la placenta con el entorno intrauterino representado por el crecimiento del bebé, mostrando asociaciones fuertes y significativas entre los perfiles de metilación del ADN, identificados mediante enfoques basados en matrices de todo el genoma, y el peso del bebé al nacer. A continuación, demostró que el aumento de la metilación del GR 1F humano estaba fuerte y significativamente asociado con la disminución de las medidas de atención infantil en el NNNS. Es importante destacar que la metilación de un receptor análogo (exón 17 de rata) en el hipocampo de las crías de rata se ha relacionado con los comportamientos maternos.

Marsit también demostró que estos efectos eran más pronunciados entre los bebés de peso normal para la edad gestacional, lo que sugiere que puede haber una variabilidad normal en la metilación de la placenta que explica la variación en el neurocomportamiento infantil. A medida que Marsit amplía sus estudios sobre el papel del entorno intrauterino captado en el epigenoma de la placenta, se están buscando vínculos entre la metilación de genes clave implicados en el control del eje HPA y el neurocomportamiento infantil, así como asociaciones entre los perfiles de metilación del ADN en todo el genoma y el neurodesarrollo infantil. Estos estudios son especialmente importantes, ya que se sabe que múltiples exposiciones ambientales, como la privación de nutrientes, afectan al crecimiento infantil y se asocian a un mayor riesgo de padecer trastornos neurocognitivos, incluido el trastorno por déficit de atención e hiperactividad (TDAH).

Barry Kosofsky (Weill Cornell Medical College) habló de cómo los trastornos cerebrales del desarrollo y las consecuencias de la exposición prenatal a drogas de abuso (cocaína, en particular) se asocian con cambios sostenidos en la expresión genética del SNC y tienen consecuencias duraderas en la estructura y la función del cerebro. La exposición prenatal a toxinas, incluidas las sustancias de abuso, se asocia con efectos en el desarrollo de los niños. Kosofsky sugirió que estos efectos aberrantes podrían considerarse "malformaciones moleculares", que conducen a condiciones en las que las vías de señalización neuronal se vuelven disfuncionales. Estos cambios moleculares pueden "alimentarse" para producir alteraciones en el repertorio conductual de los bebés, niños y jóvenes adultos afectados, cambios que son esculpidos por las interacciones ambientales. La investigación de Kosofsky explora la hipótesis de que las desadaptaciones moleculares resultantes están, en parte, mediadas por mecanismos epigenéticos.

Kosofsky presentó datos de un modelo de ratón de exposición transplacentaria a la cocaína. Estos hallazgos sugieren que los cambios se expresan de forma específica para cada gen, región y tiempo; cuando se manifiestan en el córtex prefrontal medial (mPFC), estos cambios parecen dar lugar a una alteración de la maduración estructural y funcional de esa región del cerebro. En comparación con los animales de control (es decir, ratones sin exposición prenatal a la droga), los ratones expuestos a la cocaína mostraron un patrón diferencial de rendimiento en una tarea de interacción social (IS): mayor IS en relación con los controles en P28 (juvenil) y menor IS en relación con los controles cuando son adultos. Se observó un patrón paralelo de expresión del ARNm del factor de transcripción EGR1 (también conocido como NGF-1a y zif 268) en el CPM correspondiente a estas edades. En los animales adultos, los cambios en la expresión de EGR1 se correlacionaron con la disminución de la unión de MeCP2 al promotor de EGR1; el mismo patrón no se observó en P28. Las variaciones en la ocupación de MeCP2 sugieren que un mecanismo epigenético puede subyacer a los cambios en la expresión génica y el comportamiento.

Kosofsky presentó estudios conductuales adicionales utilizando un modelo de "extinción del miedo condicionado", demostrando que los ratones expuestos a la cocaína prenatalmente demostraron una recuperación espontánea de la extinción, una forma de aprendizaje que depende del CPM. Los animales expuestos prenatalmente a la cocaína mostraron una disminución de la unión de MeCP2 al promotor de los exones I y IV del gen bdnf, lo que se asoció con una menor expresión de ARNm de esos transcritos en el CPM, sugiriendo igualmente un mecanismo epigenético subyacente a las alteraciones conductuales. Estos resultados son coherentes con la presentación de David Sweatt en una sesión anterior sobre los mecanismos epigenéticos para el aprendizaje y la memoria, que destacó la importancia de la regulación epigenética del gen bdnf para el condicionamiento del miedo. La implicación de estos hallazgos es que las condiciones ambientales perinatales podrían determinar la capacidad de plasticidad neuronal en la vida posterior a través de la regulación epigenética de los genes críticos para la remodelación sináptica. El grupo de Kosofsky está llevando a cabo "experimentos de rescate" para seguir explorando la relación entre los mecanismos moleculares propuestos en los animales tratados prenatalmente con cocaína. Los hallazgos pueden suponer una oportunidad de beneficio traslacional en relación con el diagnóstico y el tratamiento de las crías de mujeres que abusan de las drogas durante el embarazo.

Programación epigenética por el cuidado materno

La investigación resumió estudios anteriores que mostraban que las variaciones en el cuidado materno en la rata, específicamente en la frecuencia de lamido/limpieza del cachorro (LG), se asocia con un aumento de la metilación del promotor del exón 17 GR en el hipocampo, una disminución de la expresión de FR en el hipocampo y un aumento de las respuestas hipotálamo-hipofisarias-adrenales (HPA) al estrés. Trabajos anteriores sugieren que revertir los efectos de la metilación diferencial del ADN del promotor del exón 17, a su vez, puede revertir los efectos del cuidado materno en la expresión de FR en el hipocampo y las respuestas HPA al estrés. Meaney también presentó los resultados de los estudios en el hipocampo humano postmortem que muestran que una historia de desarrollo de abuso infantil se asoció con un aumento de la metilación del promotor del exón 1F GR (véase también el resumen de Marsit) y la disminución de la expresión de GR. La charla se centró en los mecanismos por los que la señal ambiental, el cachorro LG, podría generar la diferencia en la metilación del ADN, y la expresión de los genes. Meaney resumió las pruebas in vitro e in vivo de la importancia de los aumentos inducidos por la serotonina (5-HT) y la 5-HT en la expresión de NGFI-A en el hipocampo para las alteraciones en el estado de metilación del promotor del exón 17. Un shRNA dirigido a NGFI-A bloquea tanto los efectos de la 5-HT en el estado de metilación del promotor del exón 17 como los efectos en la expresión de GR. El LG del cachorro proporciona una estimulación táctil del mismo, lo que resulta en un aumento de los niveles circulantes de triiodotironina (T3), la hormona tiroidea más activa biológicamente. La T3 aumenta la actividad central de la 5-HT en la cría de rata, y su administración es suficiente para aumentar la asociación de NGFI-A con el promotor del exón 17. El LG de la madre aumenta directamente la asociación de NGFI-A con el promotor del exón 17, y la estimulación táctil artificial imita este efecto. Estos resultados sugieren que la estimulación táctil derivada del LG de la cría aumenta la actividad de la 5-HT a nivel del hipocampo, incrementando así la expresión de NGFI-

A y su asociación con el promotor del exón 17, lo que inicia una alteración del estado de metilación del promotor del exón 17 GR. Los resultados son consistentes con estudios previos in vitro que muestran que la sobreexpresión de NGFI-A altera la metilación del promotor del exón 17. Curiosamente, NGFI-A también regula la expresión del gen GAD1 que codifica la decaroxilasa del ácido glutámico 1, y el cuidado materno regula la metilación del GAD1 y la expresión del GAD1 de forma comparable a la del GR. Estos estudios concuerdan con informes anteriores sobre alteraciones en la metilación del ADN asociadas a un aumento de la unión de factores de transcripción, y sugieren que las condiciones ambientales pueden alterar directamente los estados epigenéticos a través de la activación de vías de señalización intracelulares. Meaney también señaló importantes advertencias, sobre todo la importancia de identificar la enzima directamente responsable de la alteración del estado de metilación.

Cada una de estas presentaciones se centró en influencias ambientales bien establecidas, incluidos los efectos maternos pre y postnatales y los fármacos de exposición. Esta investigación refleja un cuerpo científico emergente que examina los estados epigenéticos como mecanismos candidatos que vinculan las condiciones ambientales en el desarrollo temprano con los cambios sostenidos en la expresión genética y el desarrollo neuronal. Como era de esperar, el debate se centró en el entusiasmo por los posibles beneficios de las intervenciones dirigidas a los mecanismos epigenéticos. Los ponentes señalaron que el periodo actual marca una etapa muy temprana para la investigación que vincula las condiciones ambientales con las alteraciones de la expresión génica y la función cerebral. No obstante, la ciencia traslacional presentada en este simposio sugiere que la epigenética representa un fructífero campo de investigación que tiende un puente entre los hallazgos epidemiológicos y los estudios del mecanismo biológico.

Capítulo 6
Exposiciones químicas ambientales y epigenética humana

Más de 13 millones de muertes al año se deben a los contaminantes ambientales, y se calcula que hasta el 24% de las enfermedades están causadas por exposiciones ambientales que pueden evitarse.En un cribado promovido por el Centro para el Control y la Prevención de Enfermedades de Estados Unidos, se encontraron 148 sustancias químicas ambientales diferentes en la sangre y la orina de la población estadounidense, lo que indica la magnitud de nuestra exposición a las sustancias químicas ambientales.Cada vez hay más pruebas que sugieren que los contaminantes ambientales pueden causar enfermedades a través de mecanismos epigenéticos: cambios en la expresión génica regulada. Los factores epigenéticos, como la metilación del ADN, las modificaciones de las histonas y los microARN (miARN), participan en estos procesos reguladores y controlan la expresión de los genes.

Metilación del ADN

La metilación del ADN, una modificación natural que implica la adición de un grupo metilo a la posición 5′ del anillo de citosina, es el mecanismo epigenético más estudiado y mejor comprendido. En el genoma humano, se produce predominantemente en sitios de dinucleótidos de citosina-

104

guanina (CpG), y sirve para regular la expresión de los genes y mantener la estabilidad del genoma.

Los estudios ambientales han mostrado distintas anomalías en la metilación del ADN. Una de las alteraciones más comunes es la reducción general del contenido de metilación del ADN en todo el genoma (hipometilación global), que puede conducir a la reactivación de elementos transponibles y alterar la transcripción de genes adyacentes que de otro modo estarían silenciados. La hipometilación global está asociada a la inestabilidad genómica y a un mayor número de eventos mutacionales. Hay aproximadamente 1,4 millones de elementos repetitivos Alu (secuencias que contienen un sitio de reconocimiento para la enzima de restricción AluI) y medio millón de elementos de nucleótidos largos intercalados (LINE-1) en el genoma humano que normalmente están muy metilados. Más de un tercio de la metilación del ADN se produce en elementos repetitivos.Debido a su alta representación en todo el genoma, LINE-1 y Alu se han utilizado como marcadores sustitutos globales para estimar el nivel de metilación del ADN genómico en los tejidos cancerosos, aunque datos recientes muestran la falta de correlación con la metilación global en tejidos normales, como la sangre periférica. Otros tipos de anomalías que pueden ser inducidas por los contaminantes ambientales son la hiper o hipo metilación de genes o regiones específicas, potencialmente asociadas a la transcripción aberrante de genes. Las alteraciones de la metilación del ADN que afectan directamente a la expresión de los genes suelen producirse en los sitios CpG situados en las regiones promotoras de los genes. Recientemente se ha demostrado que los sitios metilados de forma diferencial en varios tejidos cancerosos están enriquecidos en secuencias, denominadas "CpG island shores", a una distancia de hasta 2 kb del sitio de inicio de la transcripción.Sin embargo, hasta la fecha, las alteraciones de la metilación del ADN específicas de los genes inducidas por la exposición ambiental se han investigado principalmente en las regiones promotoras de los genes. Las islas CpG son claramente dignas de una mayor investigación en relación con las exposiciones ambientales, pero aún está por determinar si tienen esa importancia en un entorno no canceroso.

Modificaciones de las histonas

Las histonas son proteínas globulares nucleares que pueden modificarse covalentemente mediante acetilación (Ac), metilación, fosforilación, glicosilación, sumoilación, ubiquitinación y ribosilación de adenosina difosfato (ADP), influyendo así en la estructura de la cromatina y la expresión de los genes. Las modificaciones más comunes de las histonas que han demostrado ser modificadas por las sustancias químicas del entorno son los Ac y la metilación de los residuos de lisina en el terminal amino de la histona 3 (H3) y H4. El Ac de la histona, con un solo grupo acetilo añadido a cada residuo de aminoácido normalmente, aumenta la actividad transcripcional del gen; mientras que la metilación de la histona (Me), que se encuentra como estados de grupo mono (Me), di-metil (Me2) y tri-metil (Me3) puede inhibir o aumentar la expresión del gen dependiendo de la posición del aminoácido que se modifique.

miRNAs

Los miARNs son ARNs monocatenarios cortos de aproximadamente 20-24 nucleótidos de longitud que se transcriben a partir del ADN pero no se traducen en proteínas. Los miARNs regulan negativamente la expresión de los genes diana a nivel post-transcripcional al unirse a las regiones 3'-no traducidas de los ARNm diana. Cada miARN maduro es parcialmente complementario a múltiples ARNm diana y dirige al complejo de silenciamiento inducido por ARN (RISC) para que identifique los ARNm diana para su inactivación. Los miARN se transcriben inicialmente como transcritos primarios más largos (pri-miARN) y se procesan primero por el complejo enzimático RNasa y luego por Dicer, lo que lleva a la incorporación de una sola hebra al RISC. Los miRNAs guían a los RISC para que interactúen con los mRNAs y determinen la represión post-transcripcional. Los miRNAs están implicados en la regulación de la expresión génica a través de la orientación de los mRNAs durante la proliferación celular, la apoptosis, el control de la auto-renovación de las células madre, la diferenciación, el metabolismo, el desarrollo y la metástasis tumoral. En comparación con otros mecanismos implicados en la expresión génica, los miARNs actúan directamente antes de la síntesis de proteínas y pueden estar más directamente implicados en el ajuste de la expresión génica o en la regulación cuantitativa. Además, los miARNs también juegan un papel clave en la modificación de la estructura de la cromatina y participan en el mantenimiento de la estabilidad del genoma. Los miARNs pueden regular varios procesos fisiológicos y patológicos, como el crecimiento, la diferenciación, la proliferación, la apoptosis y el metabolismo celular. Se ha informado de más de 10.000 miRNAs en animales, plantas y virus mediante el uso de métodos computacionales y experimentales en bases de datos públicas relacionadas con los miRNAs. La expresión aberrante de miRNAs se ha relacionado con diversas enfermedades humanas, como la enfermedad de Alzheimer, la hipertrofia cardíaca, la alteración de la repolarización del corazón, los linfomas, las leucemias y el cáncer en varias localizaciones.

Contaminantes ambientales y alteraciones epigenéticas

Metales

Los metales pesados son contaminantes ambientales muy extendidos y se han asociado a una serie de enfermedades, como el cáncer, las enfermedades cardiovasculares, los trastornos neurológicos y las enfermedades autoinmunes. En los últimos años, se ha apreciado cada vez más el papel de los factores moleculares en la etiología de las enfermedades asociadas a los metales pesados. Varios estudios han demostrado que los metales actúan como catalizadores en el deterioro oxidativo de las macromoléculas biológicas.Los iones metálicos inducen especies reactivas de oxígeno (ROS), y por tanto conducen a la generación de radicales libres. La acumulación de ROS puede afectar a los factores epigenéticos. Cada vez hay más datos que relacionan las alteraciones epigenéticas con la exposición a los metales pesados.

Arsénico

Cada vez hay más pruebas de que la exposición al arsénico (As) altera la metilación del ADN tanto a nivel global como en las regiones promotoras de ciertos genes. Al entrar en el cuerpo humano, el As inorgánico es metilado para su desintoxicación. Este proceso de desintoxicación utiliza la S-adenosilmetionina (SAM), que es un donante universal de metilo para las metiltransferasas, incluidas las metiltransferasas del ADN (DNMT) que determinan la metilación del ADN. Así, se ha demostrado que la exposición al As conduce a la insuficiencia de SAM y disminuye la actividad de las DNMTs debido a la reducción de su sustrato. Además, también se ha demostrado que el As disminuye la expresión génica de las DNMT. Todos estos procesos inducidos por el As pueden contribuir a la hipometilación global del ADN. Se ha demostrado que la exposición al arsénico induce una hipometilación global de forma dependiente de la dosis en varios estudios in vitro. Además, ratas y ratones expuestos al As durante varias semanas mostraron una hipometilación global en el ADN hepático. Sin embargo, las pruebas en humanos siguen siendo limitadas y no son completamente consistentes. En un estudio transversal de 64 sujetos, el nivel de As en el agua contaminada se asoció con una hipermetilación global del ADN en las células mononucleares de la sangre. Se observó una hipermetilación global del ADN sanguíneo dependiente de la dosis en adultos de Bangladesh con exposición crónica al As.

La exposición al arsénico también se ha asociado a la hiper o hipo-metilación específica de los genes tanto en entornos experimentales como en estudios humanos. Se ha demostrado que la exposición al As induce una hipermetilación del promotor dependiente de la dosis de varios genes supresores de tumores, como p15, p16, p53 y DAPK, in vitro e in vivo. Además, el aumento de la expresión de los genes ER-alfa, c-myc y Ha-ras1 relacionado con la exposición al As se ha vinculado a la hipometilación de sus promotores en líneas celulares y en estudios con animales. Las pruebas en humanos están aumentando rápidamente. La concentración de As en las uñas se asoció positivamente con los niveles de metilación del promotor de RASSF1A y PRSS3 en los tumores de vejiga. La hipermetilación del promotor de estos dos genes se asoció a los tumores de pulmón invasivos inducidos por el As, en comparación con los tumores no invasivos. Se observó una hipermetilación del promotor de DAPK en las células uroepiteliales humanas expuestas al As, así como en los tumores de 13 de 17 pacientes que vivían en zonas contaminadas por el As, en comparación con 8 de 21 pacientes que vivían en zonas no contaminadas por el As. Se observó un aumento de la metilación del ADN del promotor de p16 en los pacientes con arseniasis, en comparación con las personas sin antecedentes de exposición al As.

También se ha demostrado que la exposición al arsénico provoca alteraciones en las modificaciones de las histonas. Las primeras pruebas sobre la reducción de la acetilación de las histonas inducida por el As se obtuvieron en Drosophila. Recientemente se ha relacionado el As trivalente con la reducción de la acetilación de la lisina 16 de H3 y H4 (H4K16) en las células epiteliales de la vejiga humana. Por otra parte, también se ha demostrado que la exposición al As trivalente aumenta la acetilación de las histonas, lo que ha demostrado que regula al alza los genes relacionados con la apoptosis o la respuesta al estrés celular. Las investigaciones han informado de que el As podría causar una acetilación global de las histonas mediante la inhibición de la actividad de las histonas desacetilasas (HDAC). En conjunto, estos estudios proporcionan pruebas de que la acetilación de las histonas puede estar desregulada por la exposición al As. A principios de 1983, se demostró que el As inducía cambios de metilación en H3 y H4 en Drosophila, y varios años después se observaron resultados similares en H3 en la célula Kc 111 de Drosophila. En los últimos años, en las células de mamíferos, la exposición al arsenito (AsIII) se ha asociado a un aumento de la dimetilación de la lisina 9 de H3 (H3K9me2) y de la trimetilación de la lisina 4 de H3 (H3K4me3), y a una disminución de la trimetilación de la lisina 27 de H3 (H3K27me3). Se ha demostrado que As induce la apoptosis mediante la regulación al alza de H2AX fosforilado y provoca la fosforilación de H3, lo que puede desempeñar un papel importante en la regulación al alza de los oncogenes.

La exposición de la línea celular de linfoblastos humanos TK-6 al arsenito mostró aumentos globales en la expresión de miRNA.El trióxido de arsénico (As2O3) se ha utilizado como tratamiento farmacológico en la leucemia promielocítica aguda. demostró que numerosos miRNAs fueron regulados al alza o a la baja en las células de carcinoma de vejiga humano T24 expuestas al As2O3. En particular, el miRNA-19a se redujo sustancialmente, lo que provocó la detención del crecimiento celular y la apoptosis. Se demostró que los cambios en la expresión de miRNAs relacionados con el As eran reversibles cuando se eliminaba la exposición.

Níquel

Se ha propuesto que el níquel aumenta la condensación de la cromatina y desencadena la metilación de novo del ADN de genes críticos de supresión de tumores o de senescencia.En las células G12 de hámster chino transfectadas con el gen de la guanina fosforibosil transferasa (gpt) de Escherichia coli, se demostró que el níquel induce la hipermetilación e inhibe la expresión del gen gpt transfectado. Un estudio en animales ha demostrado además que el níquel induce la hipermetilación del ADN, altera los estados de la heterocromatina y provoca la inactivación de los genes, lo que finalmente conduce a la transformación maligna. Las investigaciones han observado la hipermetilación del ADN de p16 en los tumores inducidos por el níquel en ratones C57BL/6 de tipo salvaje, así como en ratones heterocigotos para el gen supresor de tumores p53 inyectados con el compuesto de níquel.

El níquel también puede causar enfermedades al afectar a las modificaciones de las histonas. Las pruebas sobre las modificaciones de las histonas inducidas por el níquel incluyen el aumento de la dimetilación de H3K9, la pérdida de acetilación de las histonas en H2A, H2B, H3 y H4, y el aumento de la ubiquitinación en H2A y H2B. Se encontró un aumento de la dimetilación de H3K9 y una disminución de la metilación de H3K4 y de la acetilación de histonas en el promotor del transgén gpt en las células G12 expuestas al níquel. En las células PW de ratón y en las células humanas tratadas con el inhibidor de

HDAC tricostatina A, el níquel mostró una menor capacidad para inducir la transformación maligna.Este hallazgo sugirió que el silenciamiento de genes mediado por la desacetilación de histonas puede desempeñar un papel crítico en la transformación celular inducida por el níquel. Además, se ha demostrado que el níquel induce una pérdida de metilación de las histonas in vivo y una disminución de la actividad de la desmetilasa H3K9 de las histonas in vitro.El níquel también suprime la acetilación de la histona H4 in vitro tanto en células de levadura como de mamífero. El níquel puede inducir la fosforilación de H3, específicamente en la serina 10 (H3S10) a través de la activación de la vía de la c-jun N-terminal kinase/proteína kinase activada por el estrés.

Cadmio

Se ha demostrado que el cadmio (Cd) altera la metilación global del ADN. La investigación demostró que el Cd inhibe las DNMTs e induce inicialmente una hipometilación global del ADN in vitro (células de hígado de rata TRL1215). Sin embargo, se demostró que la exposición prolongada conduce a la hipermetilación del ADN y al aumento de la actividad de las DNMTs en el mismo experimento. El Cd también puede disminuir la metilación del ADN en los protooncogenes y promover la expresión de oncogenes que pueden dar lugar a la proliferación celular.

La regulación transcripcional y postranscripcional de los genes es fundamental en las respuestas a la exposición al Cd, en las que los miRNAs pueden desempeñar un papel importante. Las investigaciones han demostrado recientemente que el aumento de la expresión de miR-146a en los leucocitos de la sangre periférica de los trabajadores del acero estaba relacionado con la inhalación de partículas de aire ricas en Cd. La expresión de miRNA-146a está regulada por el factor de transcripción factor nuclear-kappa B, que representa un importante vínculo causal entre la inflamación y la carcinogénesis.

Otros metales

El mercurio (Hg) está ampliamente presente en diversos medios ambientales y alimentos en niveles que pueden afectar negativamente a los seres humanos y a los animales. La exposición al Hg se ha asociado con la hipometilación del ADN del tejido cerebral en el oso polar. Se han estudiado los efectos del Hg en el estado de metilación del ADN en células madre embrionarias de ratón. Tras 48 o 96 horas de exposición al producto químico, observaron una hipermetilación del gen Rnd2 en las células madre embrionarias de ratón tratadas con Hg.

El plomo es uno de los metales ambientales tóxicos más frecuentes y tiene importantes propiedades oxidativas. Se ha demostrado que la exposición prolongada al plomo altera las

marcas epigenéticas. En el Estudio de Envejecimiento
Normativo, se examinaron los niveles de metilación de LINE-1
en asociación con los niveles de plomo en la rótula y la tibia,
medidos por fluorescencia K-X-Ray. Los niveles de plomo en la
rótula se asociaron con una menor metilación del ADN de LINE-
1. La asociación entre la exposición al plomo y la metilación del
ADN LINE-1 puede tener implicaciones para los mecanismos de
acción del plomo en los resultados de salud, y también sugiere
que los cambios en la metilación del ADN pueden representar
un biomarcador de la exposición al plomo en el pasado. Además,
la investigación caracterizó la metilación del ADN genómico en
la región inferior del tronco cerebral de 47 osos polares cazados
en el centro de Groenlandia oriental entre 1999 y 2001. Han
informado de una asociación inversa entre las medidas de
plomo acumuladas y el nivel de metilación del ADN genómico.

El cromo hexavalente [Cr(VI)] es un mutágeno y carcinógeno
que se ha relacionado con el cáncer de pulmón y otros efectos
adversos para la salud en estudios ocupacionales. Las
investigaciones descubrieron una hipermetilación de p16 y
hMLH1 en pacientes con cáncer de pulmón que habían estado
expuestos al cromo. Los experimentos in vitro con células
expuestas a mezclas binarias de benzo[a]pireno (B[a]P) y cromo
han demostrado que el B[a]P activa las respuestas
transcripcionales de Cyp1A1 mediadas por el receptor de
hidrocarburos de arilo (AhR) mientras que el cromo reprime la

expresión génica inducible por el B[a]P mediada por el AhR al inducir los enlaces cruzados de los complejos histona deacetilasa 1-ADN metiltransferasa 1 (HDAC1-DNMT1) a la cromatina del promotor de Cyp1A1 e inhibir las marcas de las histonas, incluyendo la fosforilación de la histona H3 Ser-10, la trimetilación de H3 Lys-4 y varias marcas de acetilación en las histonas H3 y H4. Los inhibidores de HDAC1 y DNMT1 o la depleción de HDAC1 o DNMT1 con siRNAs bloquearon la represión transcripcional inducida por el cromo al disminuir la interacción de estas proteínas con el promotor de Cyp1A1 y permitir que la acetilación de las histonas continuara. Al inhibir la expresión de Cyp1A1, el cromo estimuló la formación de aductos de ADN B[a]P. Se ha demostrado que la exposición al cromo de las células pulmonares humanas A549 aumenta los niveles globales de lisina 9 (H3K9) y lisina 4 (H3K4) de la histona H3 di y trimetilada, pero disminuye la lisina 27 (H3K27) de la histona H3 trimetilada y la arginina 2 (H3R2) de la histona H3. Lo más interesante es que la dimetilación de H3K9 se enriqueció en el promotor del gen humano MLH1 tras la exposición al cromato, y esto se correlacionó con la disminución de la expresión del ARNm de MLH1. La exposición al cromo aumentó los niveles de proteína y ARNm de G9a, una histona metiltransferasa que metila específicamente el H3K9. Este aumento de G9a inducido por el Cr(VI) puede explicar la elevación global de la dimetilación de H3K9. Además, la suplementación con ascorbato, el principal reductor del Cr(VI) y también un cofactor esencial para la actividad de la desmetilasa de histonas, revirtió parcialmente la dimetilación de H3K9 inducida por el cromato. Estos resultados sugieren que el Cr(VI) puede dirigirse a las histonas metiltransferasas y desmetilasas, que a su vez afectan a la metilación de las histonas tanto global como específica del promotor del gen, lo que conduce al silenciamiento de genes supresores de tumores específicos.

Investigaciones recientes han demostrado que la exposición al aluminio puede alterar la expresión de una serie de miRNAs. El miR-146a en células neurales humanas fue regulado al alza tras el tratamiento con sulfato de aluminio. Además, un estudio sobre células neuronales humanas tratadas con sulfato de aluminio en cultivo primario ha mostrado un aumento de la expresión de un conjunto de miRNAs, incluyendo miR-9, miR-125b y miR-128. Los mismos miRNAs también se encontraron regulados al alza en las células cerebrales de los pacientes de Alzheimer, lo que sugiere que la exposición al aluminio puede inducir genotoxicidad a través de elementos reguladores relacionados con los miRNAs.

Pesticidas

Cada vez hay más pruebas que sugieren que la exposición a los plaguicidas puede inducir eventos epigenéticos. Los modelos animales han demostrado que la exposición a algunos plaguicidas, como la vinclozolina y el metoxicloro, induce alteraciones hereditarias de la metilación del ADN en la línea germinal de los machos, asociadas a la disfunción testicular, o afecta a la función ovárica a través de patrones de metilación alterados.Se ha encontrado una disminución de la metilación en las regiones promotoras de c-jun y c-myc y un aumento de los niveles de sus ARNm y proteínas en los hígados de los ratones expuestos al dicloro y al ácido tricloroacético. Se ha demostrado que el diclorvos induce la metilación del ADN en múltiples tejidos en un estudio de toxicidad en animales. La metilación del ADN en elementos repetitivos del ADN sanguíneo se asoció inversamente con el aumento de los niveles de residuos de plaguicidas en plasma y otros contaminantes orgánicos persistentes en una población del Ártico, un hallazgo que se confirmó posteriormente en un estudio similar en una población coreana. Queda por determinar si la metilación aberrante del ADN representa el vínculo entre los plaguicidas y los riesgos de enfermedades relacionadas con ellos, incluido el exceso de riesgo de cáncer observado en algunos estudios epidemiológicos.

Se ha demostrado que la dieldrina, un pesticida organoclorado ampliamente utilizado, aumenta la acetilación de las histonas centrales H3 y H4 de forma dependiente del tiempo. La acetilación de las histonas se indujo a los 10 minutos de la exposición a la dieldrina, lo que sugiere que la hiperacetilación de las histonas es un evento temprano en las enfermedades inducidas por la dieldrina. El tratamiento con ácido anacárdico, un inhibidor de la histona acetiltransferasa, disminuyó la acetilación de histonas inducida por la dieldrina. Además, se demostró que la dieldrina induce la hiperacetilación de las histonas en el estriado y la sustancia negra en modelos de ratón, lo que sugiere el papel de la hiperacetilación de las histonas en la degeneración neuronal dopaminérgica inducida por la dieldrina.

Contaminación del aire

La exposición a las partículas (PM) de la contaminación del aire ambiente se ha asociado a un aumento de la morbilidad y la mortalidad relacionadas con las enfermedades cardiovasculares y respiratorias. El carbono negro, un componente de las PM derivado del tráfico vehicular, se ha relacionado con la disminución de la metilación del ADN en los elementos repetitivos LINE-1 en 1097 muestras de ADN sanguíneo de hombres de edad avanzada en el área de Boston. Otras pruebas de los efectos de las PM en la metilación del ADN proceden de una investigación de los trabajadores de una planta siderúrgica con una exposición bien caracterizada a PM con diámetros de <10 µm (PM10). La metilación de la región promotora del gen de la óxido nítrico sintasa inducible disminuyó en las muestras de sangre de los individuos expuestos a PM10 después de 3 días de trabajo en la fundición en comparación con la línea de base.En el mismo estudio, la metilación de Alu y LINE-1 se relacionó negativamente con la exposición a largo plazo a PM10. Por el contrario, un experimento en animales con ratones

expuestos a partículas del aire recogidas en una planta
siderúrgica mostró una hipermetilación global del ADN
genómico de los espermatozoides, un cambio que persistió tras
la eliminación de la exposición ambiental.La exposición a
partículas de escape de diesel inhaladas y al Aspergillus
fumigatus intranasal indujo la hipermetilación de varios sitios
del promotor del interferón gamma (IFNγ) y la hipometilación
en un sitio CpG del promotor de la IL-4 en ratones. La
metilación alterada de los promotores de ambos genes se
correlacionó con cambios en los niveles de IgE.

En este estudio, la duración de la exposición (años de trabajo en
la fundición) se asoció con un aumento de H3K4me2 y H3K4ac
en los leucocitos de la sangre. En el mismo estudio,
demostramos que la exposición a MP rico en metales indujo
cambios rápidos en la expresión de dos miRNAs relacionados
con la inflamación, es decir, miR-21 y miR-222, medidos en
leucocitos de sangre periférica.Utilizando perfiles de microarray,
la investigación ha demostrado amplias alteraciones de los
perfiles de expresión de miRNAs en células epiteliales
bronquiales humanas tratadas con partículas de escape de
diesel. De los 313 miRNAs detectados, 197 fueron regulados al
alza o a la baja en al menos 1,5 veces.

Benceno

El benceno es una sustancia química ambiental que se ha asociado a un mayor riesgo de neoplasias hematológicas, en particular de leucemia mieloide aguda y leucemia no linfocítica aguda. Los resultados de un estudio realizado con agentes de policía y empleados de gasolineras han demostrado que la exposición a dosis bajas de benceno en el aire se asocia con alteraciones de la metilación del ADN en el ADN sanguíneo de sujetos sanos que se asemejan a las encontradas en las neoplasias hematológicas, incluida la hipometilación de los elementos repetitivos LINE-1 y Alu, la hipermetilación del gen supresor de tumores p15 y la hipometilación de MAGEA1 (gen del antígeno 1 asociado al melanoma). Recientemente se ha demostrado la reducción de la metilación global del ADN en las células linfoblastoides humanas tratadas con metabolitos del benceno. Los experimentos in vitro también han demostrado que la exposición al benceno induce la hipermetilación de la poli (ADP-ribosa) polimerasa-1 (PARP-1), un gen implicado en la reparación del ADN.

Bisfenol A

El bisfenol A (BPA) es un disruptor endocrino con posibles efectos reproductivos, así como un carcinógeno débil asociado a un mayor riesgo de cáncer en la vida adulta a través de la exposición fetal. El BPA se utiliza ampliamente como plastificante industrial en resinas epoxi para envases de alimentos y bebidas, biberones y compuestos dentales. La investigación informó de que la exposición periconcepcional al BPA cambió la distribución del color del pelaje de las crías viables de ratones Agouti amarillo (Avy) hacia el amarillo, al disminuir la metilación CpG en un retrotransposón de la partícula A intracisterna (IAP) aguas arriba del gen Agouti. En este modelo animal, el fenotipo de capa amarilla se asocia con un aumento de las tasas de cáncer, así como con la obesidad y la resistencia a la insulina. En el mismo conjunto de experimentos, la suplementación dietética materna, con donantes de metilo como el ácido fólico o el fitoestrógeno genisteína, atenuó el efecto del BPA sobre la metilación del PAI y evitó el cambio de color del pelaje causado por la exposición al BPA.En ratones CD-1 preñados tratados con BPA, los investigadores encontraron una disminución de la metilación y un aumento de la expresión del gen homeobox Hoxa10, que controla la organogénesis uterina. En las células epiteliales de la mama tratadas con dosis bajas de BPA, el perfil de expresión génica identificó 170 genes con cambios de expresión en respuesta al BPA, de los cuales se demostró que la expresión de la proteína de membrana asociada a los lisosomas 3 (LAMP3) estaba silenciada debido a la hipermetilación del ADN en su promotor.

Se observó una elevada expresión de miR-146a en las líneas celulares placentarias tratadas con BPA y la expresión de miR-146a se asoció con una proliferación celular más lenta y una mayor sensibilidad al daño del ADN inducido por la bleomicina.

Dioxina

La dioxina es un compuesto que ha sido clasificado como carcinógeno humano por la Agencia Internacional para la Investigación del Cáncer. Dado que la dioxina es un mutágeno débil, se han llevado a cabo numerosas investigaciones para identificar los posibles mecanismos que contribuyen a la carcinogénesis. Una de las vías propuestas para la carcinogénesis está relacionada con la potente activación inducida por la dioxina de enzimas microsomales, como la CYP1B1, que podría activar otros compuestos procarcinógenos hasta convertirlos en carcinógenos activos. Se ha demostrado recientemente que la capacidad de la dioxina para inducir el CYP1B1 in vitro depende del estado de metilación del promotor del CYP1B1. Asimismo, se ha demostrado que la dioxina reduce el nivel de metilación del ADN de la Igf2 en el hígado de rata. Recientemente, se identificaron alteraciones en la metilación del ADN en múltiples regiones genómicas en esplenocitos de ratones tratados con dioxinas, un hallazgo potencialmente relacionado con la inmunotoxicidad de las dioxinas. En un modelo de xenoinjerto de ratón de carcinoma hepatocelular, los investigadores también han descubierto que las dioxinas regulan al alza el miR-191. En el mismo estudio, la inhibición de miR-191 inhibió la apoptosis y disminuyó la proliferación celular, lo que sugiere que el aumento de la expresión de miR-191 puede contribuir a determinar la carcinogenicidad inducida por las dioxinas.

Hexahidro-1,3,5-trinitro-1,3,5-triazina (RDX, también conocido como hexógeno o ciclonita)

La hexahidro-1,3,5-trinitro-1,3,5-triazina (comúnmente conocida como RDX, nombre en clave británico de Royal Demolition Explosive) es una polinitramina explosiva y un componente común de la munición utilizada en actividades militares y civiles. Aunque la mayor parte de este contaminante ambiental se encuentra en los suelos, el RDX y sus metabolitos también se encuentran en las fuentes de agua. La exposición al RDX y sus metabolitos podría causar neurotoxicidad, inmunotoxicidad y cánceres.Las investigaciones han evaluado recientemente los efectos del RDX en la expresión de miRNA en el cerebro y el hígado de los ratones. En este estudio, de los 113 miRNAs, 10 fueron regulados al alza y 3 a la baja. La mayoría de los miRNAs que mostraron una expresión alterada, incluyendo let-7, miR-17-92, miR-10b, miR-15, miR-16, miR-26 y miR-181, se encontró que regulan las enzimas de metabolización de tóxicos, así como los genes relacionados con la carcinogénesis y la neurotoxicidad

Dietilbestrol

El dietilestilbestrol (DES) es un estrógeno sintético que se utilizó para prevenir los abortos espontáneos en las mujeres embarazadas entre las décadas de 1940 y 1960.Se ha demostrado un aumento moderado del riesgo de cáncer de mama tanto en las hijas de las mujeres que fueron tratadas con DES durante el embarazo, como en sus hijas.Las investigaciones han demostrado que la expresión de 82 miRNAs (el 9,1% de los 898 miRNAs evaluados) se alteró en las células epiteliales de la mama cuando se expusieron al DES. En particular, la supresión de la expresión de miR-9-3 iba acompañada de la hipermetilación del promotor del gen codificador de miR-9-3 en las células epiteliales tratadas con DES.

Productos químicos en el agua potable

Los subproductos de la cloración se forman como resultado de la cloración del agua con fines antiincrustantes. Varios subproductos de la cloración en el agua potable, como el trietilestaño, el cloroformo y los trihalometanos, han sido cuestionados por sus posibles efectos adversos para la salud. Se ha demostrado que estas sustancias químicas inducen ciertos cambios epigenéticos. Las ratas intoxicadas crónicamente con trietilestaño en el agua de bebida mostraron el desarrollo de edema cerebral, así como un aumento de las actividades de la fosfatidiletanolamina-N-metiltransferasa. Este aumento de la metilación podría ser un mecanismo compensatorio para contrarrestar los daños en la membrana inducidos por la trietiltina. El cloroformo, el ácido dicloroacético (DCA) y el ácido tricloroacético (TCA), tres carcinógenos hepáticos y renales, son subproductos de la desinfección con cloro que se encuentran en el agua potable. Los ratones tratados con DCA, TCA y cloroformo muestran una hipometilación global y un aumento de la expresión de c-myc, un protooncogen implicado en los tumores de hígado y riñón. Los trihalometanos (cloroformo, bromodiclorometano, clorodibromometano y bromoformo) son contaminantes orgánicos regulados en el agua potable clorada. En el hígado de ratones B6C3F1 hembra, los trihalometanos demostraron tener actividad cancerígena. El cloroformo y el bromodiclorometano disminuyeron el nivel de 5-metilcitosina en el ADN hepático. Los trihalometanos redujeron la metilación en la región promotora del gen c-myc, lo que concuerda con su actividad carcinógena.

Epigenética y orígenes del desarrollo de la salud y la enfermedad

Durante la embriogénesis, los patrones epigenéticos cambian dinámicamente para adaptar a los embriones para que sean aptos para una mayor diferenciación.Dos olas de reprogramación epigenética, que tienen lugar en la etapa del cigoto y durante la formación de las células germinales primordiales, acompañan el desarrollo de los mamíferos.

Los experimentos con ratones portadores del Avy han demostrado que la vida del embrión es una ventana de exquisita sensibilidad al entorno. En los ratones amarillos viables (Avy/a), la transcripción originada por un retrotransposón IAP insertado aguas arriba del gen agouti (A) provoca la expresión ectópica de la proteína agouti, lo que da lugar a un pelaje amarillo, obesidad, diabetes y una mayor susceptibilidad a los tumores. El BPA es un producto químico de alto volumen de producción utilizado en la fabricación de plástico de policarbonato. La exposición in utero o neonatal al BPA se asocia con un mayor peso corporal, un aumento del cáncer de mama y de próstata y una alteración de la función reproductiva.

Otros estudios experimentales han sugerido la existencia de mecanismos epigenéticos como posibles intermediarios de los efectos de las exposiciones prenatales a plaguicidas como la vinclozolina y el metoxicloro, así como de otras condiciones como el suministro nutricional de donantes de metilo.También se han ido acumulando pruebas en humanos. Las investigaciones de los loci candidatos entre los individuos expuestos prenatalmente a la mala nutrición durante la hambruna holandesa de 1944-45 indican que los cambios epigenéticos inducidos por las exposiciones prenatales pueden ser comunes en los seres humanos, aunque parecen ser relativamente pequeños y dependen en gran medida del momento de la exposición durante la gestación. Basándose en los hallazgos de cambios en la metilación del ADN en sujetos expuestos a La investigación ha sugerido que el epigenoma puede representar un archivo molecular del entorno prenatal, a través del cual el entorno intrauterino puede producir graves ramificaciones en la salud y la enfermedad más adelante en la vida. La investigación descubrió que la exposición prenatal al humo del cigarrillo se asociaba a un mayor nivel de metilación del ADN en la sangre en la edad adulta. Otros ejemplos son la disminución del nivel de metilación de LINE-1 y Sat 2 en adultos y niños expuestos prenatalmente al tabaquismo, y la hipometilación global del ADN en recién nacidos con exposición al tabaquismo materno en el útero. Además de estos cambios en la metilación del ADN, los investigadores han observado recientemente que miR-16, miR-21 y miR-146a estaban regulados a la baja en las placentas expuestas al humo del cigarrillo en comparación con los controles.

Ahora se justifica la realización de más estudios epigenéticos bien realizados para generar un catálogo de regiones sensibles al entorno prenatal y que puedan reflejar las influencias del desarrollo en las enfermedades humanas.

¿Podemos desarrollar biosensores epigenómicos de exposiciones pasadas?

Una propiedad importante de las firmas epigenómicas es que, dado que pueden propagarse a través de la división celular incluso en células con alto recambio, pueden persistir incluso después de que se elimine la exposición. Además, como se ha comentado anteriormente, el epigenoma de un individuo también puede reflejar su experiencia de exposición ambiental prenatal. Por tanto, el perfil epigenómico de los individuos expuestos a contaminantes ambientales podría proporcionar biosensores o archivos moleculares de las exposiciones ambientales pasadas o incluso prenatales. Gracias a la epigenómica, la evaluación de la exposición podría llevarse a cabo en investigaciones y entornos preventivos en los que la recogida repetida de datos de exposición podría ser inviable o excesivamente cara. Es necesario seguir investigando para determinar la rapidez de los cambios inducidos por los contaminantes ambientales, así como si se acumulan en respuesta a una exposición repetida o continua y cuánto tiempo persisten después de que se haya eliminado la exposición.

¿Cuáles son los diseños y enfoques de estudio adecuados para la epigenómica ambiental?

El campo de la epigenética ambiental ha evolucionado rápidamente en los últimos años. A medida que crecen las aplicaciones de la investigación, los investigadores se enfrentan a varias dificultades y retos. Algunos estudios han producido resultados inconsistentes sobre los mismos contaminantes. Varios factores pueden contribuir a las incoherencias. Las alteraciones epigenéticas son específicas de los tejidos. Es concebible que el mismo contaminante ambiental pueda producir diferentes cambios epigenéticos en diferentes tejidos, e incluso dentro del mismo tejido en diferentes tipos de células. Se necesitan estudios más amplios con información sobre la exposición bien definida que permita examinar los cambios epigenéticos en diferentes tejidos. Los diferentes diseños de los estudios, el pequeño tamaño de las muestras y los diferentes métodos de laboratorio también pueden ser causas importantes de la incoherencia. Replicar los resultados e identificar las fuentes de variabilidad entre los estudios es un reto importante para las investigaciones epigenéticas. Dado que los marcadores epigenéticos cambian con el tiempo, los resultados de las enfermedades son propensos a la causalidad inversa, es decir, una asociación entre una enfermedad y un marcador epigenético puede estar determinada por una influencia de la enfermedad en los patrones epigenéticos, y no al revés. Aunque las alteraciones epigenéticas inducidas por contaminantes ambientales o asociadas a ellos se han encontrado también en diversas enfermedades, casi ningún estudio ha examinado la secuencia de exposiciones, alteraciones epigenéticas y enfermedades.

Para establecer adecuadamente la causalidad se necesitan estudios longitudinales con recogida prospectiva de medidas objetivas de exposición, muestras biológicas para análisis epigenéticos y resultados de enfermedades preclínicas y clínicas. Las investigaciones epidemiológicas prospectivas existentes podrían proporcionar recursos para mapear los cambios epigenómicos en respuesta a sustancias químicas específicas. Sin embargo, los estudios de cohortes en los que se han recogido previamente bioespecímenes para estudios genéticos o bioquímicos podrían plantear varios problemas. La mayoría de los estudios han recogido bioespecímenes, como sangre, orina o células bucales, que podrían no participar necesariamente en la etiología de la enfermedad de interés. Los métodos de recogida y procesamiento (por ejemplo, sangre completa frente a buffy coat) podrían modificar los tipos de células almacenadas, lo que podría afectar a las marcas epigenéticas. Además, en las investigaciones en humanos se utilizan cada vez más métodos de alta cobertura que proporcionan datos de alta dimensión sobre la metilación del ADN, las modificaciones de las histonas y la expresión de miARN.

Aunque los mecanismos epigenéticos tienen propiedades que los convierten en intermediarios moleculares ideales de los efectos ambientales, la proporción de los efectos de cualquier exposición ambiental individual que podría estar mediada por mecanismos epigenéticos sigue siendo indeterminada. Se necesitan urgentemente enfoques epidemiológicos y estadísticos, incluidos estudios prospectivos bien diseñados y métodos estadísticos avanzados para la inferencia causal. Al igual que los estudios genómicos, el razonamiento causal epidemiológico en epigenómica debe incluir una cuidadosa consideración de los conocimientos, datos, métodos y técnicas de múltiples disciplinas.

Las posibles interacciones entre las diferentes formas de modificación epigenética

La mayoría de los estudios sobre epigenética ambiental han evaluado por separado sólo uno de los tipos de marcas epigenéticas, es decir, la metilación del ADN, las modificaciones de las histonas o la expresión de miARN. Sin embargo, las marcas epigenéticas están relacionadas por una intrincada serie de interacciones que pueden generar un ciclo autorreforzante de eventos epigenéticos dirigidos a controlar la expresión génica. Por ejemplo, la desacetilación de histonas y la metilación en residuos de aminoácidos específicos contribuyen al establecimiento de patrones de metilación del ADN. La expresión de miARN está controlada por la metilación del ADN en los genes que codifican miARN y, a su vez, se ha demostrado que los miARN modifican la metilación del ADN.Los estudios futuros que incluyan investigaciones exhaustivas de múltiples mecanismos epigenéticos podrían ayudar a dilucidar el momento y la participación de la metilación del ADN, las modificaciones de las histonas y los miARN para determinar los efectos ambientales en el desarrollo de enfermedades.

Capítulo 7

Conjunto genético sintético

El análisis de matrices genéticas sintéticas (SGA) es una técnica de alto rendimiento para explorar las interacciones genéticas letales y enfermas sintéticas (SSL). El SGA permite la construcción sistemática de dobles mutantes mediante una combinación de técnicas de genética recombinante, apareamiento y pasos de selección. Utilizando la metodología de SGA, un mutante de deleción de un gen de consulta puede cruzarse con un conjunto de deleciones de todo el genoma para identificar cualquier interacción SSL, produciendo información funcional del gen de consulta y de los genes con los que interactúa. Una aplicación a gran escala de SGA en la que se cruzaron ~130 genes de consulta con el conjunto de ~5000 mutantes de deleción viables en levadura reveló una red genética que contenía ~1000 genes y ~4000 interacciones SSL. Los resultados de este estudio mostraron que los genes con funciones similares tienden a interactuar entre sí y que los genes con patrones similares de interacciones genéticas suelen codificar productos que tienden a funcionar en la misma vía o complejo. El análisis de matrices genéticas sintéticas se desarrolló inicialmente utilizando el organismo modelo S. cerevisiae. Desde entonces, este método se ha ampliado para cubrir el 30% del genoma de S. cerevisiae

El análisis de matrices genéticas sintéticas fue desarrollado inicialmente por Research en 2001 y desde entonces ha sido utilizado por muchos grupos que trabajan en una amplia gama de campos biomédicos. El SGA utiliza el conjunto de knock-out del genoma de la levadura creado por el proyecto de deleción del genoma de la levadura.

Procedimiento

El análisis de matrices genéticas sintéticas se realiza generalmente utilizando matrices de colonias en placas de Petri a densidades estándar (96, 384, 768, 1536). Para llevar a cabo un análisis de SGA en S.cerevisae, la deleción del gen de consulta se cruza sistemáticamente con un array de mutantes de deleción (DMA) que contiene todos los ORF knockout viables del genoma de la levadura (actualmente 4786 cepas). Los diploides resultantes se esporulan transfiriéndolos a un medio que contiene nitrógeno reducido. La progenie haploide se somete entonces a una serie de chapas de selección e incubaciones para seleccionar los dobles mutantes. Los dobles mutantes se examinan para detectar las interacciones SSL visualmente o mediante un programa informático de imágenes, evaluando el tamaño de las colonias resultantes.

Robótica

Debido al gran número de pasos de replicación precisos en el análisis SGA, se utilizan ampliamente los robots para realizar las manipulaciones de las colonias. Existen algunos sistemas diseñados específicamente para el análisis de AGS, que reducen en gran medida el tiempo de análisis de un gen de consulta. Por lo general, estos tienen una serie de clavijas que se utilizan para transferir las células hacia y desde las placas, con un sistema que utiliza almohadillas desechables de clavijas para eliminar los ciclos de lavado. Se pueden utilizar programas informáticos para analizar el tamaño de las colonias a partir de imágenes de las placas, automatizando así la puntuación del SGA y el perfil químico-genético.

Paso para un sistema de cribado genómico de alto contenido en la levadura (SGA - mapa de carreteras)

Hay seis componentes principales

Colección Mutante

Material y herramientas para la manipulación de los mutantes

Sistema de análisis de imágenes

Sistema automático de cuantificación y puntuación

Acercamiento de la confirmación

Herramientas de análisis de datos

Colección Mutante

El primer paso es recoger los mutantes y crear una biblioteca de mutantes, ya sea en medios sólidos o líquidos. Los medios sólidos podrían ser mejores porque podrían ahorrar mucho tiempo. En la primera etapa, la creación de mutantes se hizo por el método de recombinación homóloga. Tenemos una excelente biblioteca de mutantes para Saccharomyces cerevisiae, un organismo modelo muy estudiado.

Sin embargo, si se trata de un nuevo modelo de levadura, podría tener que o bien una secuenciación del genoma y puede predecir el posible ORF por el buen genoma de levadura de referencia (Por ejemplo: con Saccharomyces cerevisiae). Considere un caso especial: Si no se tiene un genoma de referencia, se debe recurrir al análisis del transcriptoma y del genoma de ese nuevo organismo modelo.

Material y herramientas para el manejo de los mutantesUna vez que

tenga su biblioteca de mutantes en medios sólidos.

 Si los mutantes están en medios sólidos, hemos dispuesto los mutantes en una proporción de 1:3, es decir, una matriz de tipo salvaje por 3 mutantes (¿por qué? El tipo salvaje funciona como un control interno y en un medio sólido el nutriente no debe ser compartido por igual para evitar el sesgo). Una vez que se tienen mutantes de un solo gen eliminado, se pueden iniciar las herramientas para el manejo de los mutantes. En SGA se denomina "Pinning". Las versiones de ROTOR-HAD (referidas como robot de pinning) se utilizan para el pinning de los mutantes de levadura. Esta máquina se instala con una interfaz fácil de usar que ayuda a fijar las muestras de las placas de origen a las placas experimentales.

Sistema de análisis de imágenes

Sistema automático de cuantificación y puntuación

Acercamiento de la confirmación

Herramientas de análisis de datos

Epigenética de las enfermedades neurodegenerativas

Las enfermedades neurodegenerativas son un grupo heterogéneo de trastornos complejos relacionados con la degeneración de las neuronas en el sistema nervioso periférico o en el sistema nervioso central. Sus causas subyacentes son extremadamente variables y se complican por diversos factores genéticos y/o ambientales. Estas enfermedades provocan un deterioro progresivo de la neurona que da lugar a una disminución de la transducción de señales y, en algunos casos, incluso a la muerte neuronal. Las enfermedades del sistema nervioso periférico (SNP) pueden clasificarse además por el tipo de célula nerviosa (motora, sensorial o ambas) afectada por el trastorno. La falta de conocimiento de la patología molecular y genética subyacente suele impedir el tratamiento eficaz de estas enfermedades. Se está investigando la terapia epigenética como método para corregir los niveles de expresión de los genes mal regulados en las enfermedades neurodegenerativas.

Las enfermedades neurodegenerativas de las motoneuronas pueden provocar la degeneración de las motoneuronas que intervienen en el control muscular voluntario, como la contracción y la relajación de los músculos. Este artículo tratará la epigenética y el tratamiento de la esclerosis lateral amiotrófica (ELA) y la atrofia muscular espinal (AME). Las enfermedades neurodegenerativas del sistema nervioso central pueden afectar al cerebro y/o a la médula espinal. Este artículo tratará sobre la epigenética y el tratamiento de la enfermedad de Alzheimer (EA), la enfermedad de Huntington (EH) y la enfermedad de Parkinson (EP). Estas enfermedades se caracterizan por una disfunción neuronal crónica y progresiva, que a veces conduce a anomalías de comportamiento (como en el caso de la EP) y, en última instancia, a la muerte neuronal, lo que da lugar a la demencia.

Las enfermedades neurodegenerativas de las neuronas sensoriales pueden provocar la degeneración de las neuronas sensoriales que participan en la transmisión de la información sensorial, como la audición y la visión. El principal grupo de enfermedades de las neuronas sensoriales son las neuropatías sensoriales y autonómicas hereditarias (HSAN), como HSAN I, HSAN II y Charcot-Marie-Tooth tipo 2B (CMT2B). Aunque algunas enfermedades de las neuronas sensoriales se reconocen como neurodegenerativas, los factores epigenéticos aún no se han aclarado en la patología molecular.

Epigenética y medicamentos epigenéticos

El término epigenética se refiere a tres niveles de regulación genética: (1) la metilación del ADN, (2) las modificaciones de las histonas y (3) la función de los ARN no codificantes (ARNnc). En resumen, el control transcripcional mediado por las histonas se produce por la envoltura del ADN alrededor de un núcleo de histonas. Esta estructura ADN-histona se denomina nucleosoma; cuanto más unido esté el ADN por el nucleosoma, y cuanto más comprimida esté una cadena de nucleosomas entre sí, mayor será el efecto represivo sobre la transcripción de los genes en las secuencias de ADN cercanas o envueltas alrededor de las histonas, y viceversa (es decir, una unión más floja del ADN y una compactación más relajada conducen a un estado comparativamente desreprimido, que da lugar a la heterocromatina facultativa o, aún más desreprimida, a la eucromatina). En su estado más represivo, que implica muchos pliegues en sí mismo y en otras proteínas de andamiaje, las estructuras de ADN-histona forman la heterocromatina constitutiva. Esta estructura de la cromatina está mediada por estos tres niveles de regulación génica. Las modificaciones epigenéticas más relevantes para el tratamiento de las enfermedades neurodegenerativas son la metilación del ADN y las modificaciones de las proteínas histónicas mediante metilación o acetilación.

En los mamíferos, la metilación se produce en el ADN y en las proteínas histónicas. La metilación del ADN se produce en la citosina de los dinucleótidos CpG en la secuencia genómica, y la metilación de las proteínas se produce en los aminoterminales de las proteínas histónicas del núcleo, más comúnmente en los residuos de lisina. CpG se refiere a un dinucleótido compuesto por un desoxinucleótido de citosina inmediatamente adyacente a un desoxinucleótido de guanina. Un grupo de dinucleótidos CpG agrupados se denomina isla CpG, y en los mamíferos, estas islas CpG son una de las principales clases de promotores de genes, sobre o alrededor de los cuales los factores de transcripción pueden unirse y la transcripción puede comenzar. La metilación de los dinucleótidos y/o islas CpG dentro de los promotores de los genes está asociada a la represión transcripcional a través de la interferencia de la unión del factor de transcripción y el reclutamiento de represores transcripcionales con dominios de unión a metilo. La metilación de las regiones intragénicas se asocia a un aumento de la transcripción. El grupo de enzimas responsables de la adición de grupos metilo al ADN se denominan metiltransferasas del ADN (DNMT). Las enzimas responsables de la eliminación del grupo metilo se denominan desmetilasas del ADN. Los efectos de la metilación de las histonas dependen de los residuos (por ejemplo, de qué aminoácido de la cola de la histona está metilado), por lo que la actividad transcripcional y la regulación de la cromatina resultantes pueden variar. Las enzimas responsables de la adición de grupos metilo a las histonas se denominan histona metiltransferasas (HMT). Las enzimas responsables de la eliminación de los grupos metilo de las histonas son las desmetilasas de las histonas.

La acetilación se produce en los residuos de lisina que se encuentran en el amino N-terminal de las colas de las histonas. La acetilación de las histonas se asocia normalmente a la cromatina relajada, a la desrepresión transcripcional y, por tanto, a los genes transcritos activamente. Las histonas acetiltransferasas (HAT) son enzimas responsables de la adición de grupos acetilo, y las histonas desacetilasas (HDAC) son enzimas responsables de la eliminación de grupos acetilo. Por tanto, la adición o eliminación de un grupo acetilo a una histona puede alterar la expresión de los genes cercanos. La mayoría de los fármacos que se investigan son inhibidores de las proteínas que eliminan el acetilo de las histonas o de las histonas desacetilasas (HDAC).

En resumen, los ARNnc participan en cascadas de señalización con enzimas de marcado epigenético, como las HMT, y/o con la maquinaria de interferencia de ARN (ARNi). Con frecuencia, estas cascadas de señalización resultan en una represión epigenética (para un ejemplo, véase la inactivación del cromosoma X), aunque hay algunos casos en los que ocurre lo contrario. Por ejemplo, la expresión del ARNn BACE1-AS está regulada al alza en los pacientes de la enfermedad de Alzheimer y da lugar a una mayor estabilidad de BACE1, el ARNm precursor de una enzima implicada en la enfermedad de Alzheimer.

Los fármacos epigenéticos se dirigen a las proteínas responsables de las modificaciones en el ADN o las histonas. Los fármacos epigenéticos actuales incluyen, entre otros, los siguientes Inhibidores de la HDAC (HDACi), moduladores de la HAT, inhibidores de la metiltransferasa del ADN e inhibidores de la desmetilasa de la histona. La mayoría de los fármacos epigenéticos probados para su uso contra las enfermedades neurodegenerativas son inhibidores de HDAC; sin embargo, también se han probado algunos inhibidores de DNMT. Aunque la mayoría de los tratamientos con fármacos epigenéticos se han llevado a cabo en modelos de ratón, se han realizado algunos experimentos en células humanas, así como en ensayos de fármacos en humanos (véase la tabla siguiente). El uso de fármacos epigenéticos como terapia para los trastornos neurodegenerativos presenta riesgos inherentes, ya que algunos fármacos epigenéticos (por ejemplo, los HDACis, como el butirato de sodio) no son específicos en sus objetivos, lo que deja la posibilidad de que se produzcan marcas epigenéticas no deseadas

Enfermedades neurodegenerativas de las neuronas motoras

La esclerosis lateral amiotrófica (ELA), también conocida como enfermedad de Lou Gehrig, es una enfermedad de las neuronas motoras que implica la neurogeneración. Todos los músculos esqueléticos del cuerpo están controlados por motoneuronas que comunican señales del cerebro al músculo a través de una unión neuromuscular. Cuando las motoneuronas se degeneran, los músculos dejan de recibir señales del cerebro y empiezan a consumirse. La ELA se caracteriza por la rigidez de los músculos, las contracciones musculares y la debilidad muscular progresiva por el desgaste de los músculos. Las partes del cuerpo afectadas por los primeros síntomas de la ELA dependen de qué neuronas motoras del cuerpo se hayan dañado primero, normalmente las extremidades. A medida que la enfermedad avanza, la mayoría de los pacientes son incapaces de caminar o utilizar los brazos y acaban desarrollando dificultades para hablar, tragar y respirar. La mayoría de los pacientes conservan la función cognitiva y las neuronas sensoriales no suelen estar afectadas. Los pacientes suelen ser diagnosticados después de los 40 años y el tiempo medio de supervivencia desde el inicio hasta la muerte es de unos 3-4 años. En las fases finales, los pacientes pueden perder el control voluntario de los músculos oculares y a menudo mueren de insuficiencia respiratoria o neumonía como resultado de la degeneración de las neuronas motoras y los músculos necesarios para respirar. Actualmente no hay cura para la ELA, sólo tratamientos que pueden prolongar la vida.

Genética y causas subyacentes

Hasta la fecha, se han implicado múltiples genes y proteínas en la ELA. Uno de los temas comunes entre muchos de estos genes y sus mutaciones causantes es la presencia de agregados de proteínas en las neuronas motoras. Otras características moleculares comunes en los pacientes con ELA son la alteración del metabolismo del ARN y la hipoacetilación general de las histonas.

SOD1

El gen SOD1 del cromosoma 21, que codifica la proteína superóxido dismutasa, está asociado al 2% de los casos y se cree que se transmite de forma autosómica dominante. Se han documentado muchas mutaciones diferentes en SOD1 en pacientes con ELA con distintos grados de progresión. La proteína SOD1 se encarga de destruir los radicales superóxidos naturales, pero perjudiciales, producidos por las mitocondrias. La mayoría de las mutaciones de SOD1 asociadas a la ELA son mutaciones de ganancia de función en las que la proteína conserva su actividad enzimática, pero se agrega en las neuronas motoras causando toxicidad. La proteína SOD normal también está implicada en otros casos de ELA debido al estrés potencialmente celular. Se ha desarrollado un modelo de ratón de ELA mediante mutaciones de ganancia de función en SOD1.

c9orf72

Se descubrió que un gen llamado c9orf72 tiene una repetición de hexanucleótidos en la región no codificante del gen en asociación con la ELA y la ELA-FTD. Estas repeticiones de hexanucleótidos pueden estar presentes en hasta el 40% de los casos de ELA familiar y en el 10% de los casos esporádicos. El C9orf72 probablemente funciona como un factor de intercambio de guanina para una pequeña GTPasa, pero es probable que esto no esté relacionado con la causa subyacente de la ELA. Es probable que las repeticiones de hexanucleótidos causen toxicidad celular después de que se empalmen de los transcritos de ARNm de c9orf72 y se acumulen en los núcleos de las células afectadas.

UBQLN2

El gen UBQLN2 codifica la proteína ubiquilina 2, que se encarga
de controlar la degradación de las proteínas ubiquitinadas en la
célula. Las mutaciones en UBQLN2 interfieren en la
degradación de las proteínas, lo que da lugar a una
neurodegeneración por agregación anormal de proteínas. Esta
forma de ELA está ligada al cromosoma X y se hereda de forma
dominante, y también puede estar asociada a la demencia.

Tratamiento epigenético con inhibidores de la HDAC

Los pacientes de ELA y los modelos de ratón muestran una
hipoacetilación general de las histonas que puede desencadenar
finalmente la apoptosis de las células. En experimentos con
ratones, los inhibidores de la HDAC contrarrestan esta
hipoacetilación, reactivan los genes aberrantemente
desregulados y contrarrestan el inicio de la apoptosis. Además,
se sabe que los inhibidores de la HDAC evitan los agregados de
la proteína SOD1 in vitro.

Fenilbutirato de sodio

El tratamiento con fenilbutirato sódico en un modelo de ratón
SOD1 de ELA mostró una mejora del rendimiento motor y la
coordinación, una disminución de la atrofia neuronal y la
pérdida neuronal, y un aumento de peso. También se anuló la
liberación de factores pro-apoptóticos, así como un aumento

general de la acetilación de las histonas. Un ensayo en humanos con fenilbuturato en pacientes con ELA mostró cierto aumento de la acetilación de las histonas, pero el estudio no informó de si los síntomas de la ELA mejoraron con el tratamiento.

Valproico scid

En los estudios con ratones, el ácido valproico restauró los niveles de acetilación de las histonas, aumentó los niveles de los factores de pro-supervivencia y los ratones mostraron un mejor rendimiento motor. Sin embargo, aunque el fármaco retrasó la aparición de la ELA, no aumentó la vida útil ni evitó la denervación. Los ensayos en humanos con ácido valproico en pacientes con ELA no mejoraron la supervivencia ni ralentizaron la progresión.

Tricostatina A

Los ensayos con tricostatina A en modelos de ELA de ratón restauraron la acetilación de histonas en las neuronas espinales, disminuyeron la desmielinización de los axones y aumentaron la supervivencia de los ratones[12].

Epigenética del desarrollo humano

El desarrollo antes del nacimiento, incluyendo la gametogénesis, la embriogénesis y el desarrollo fetal, es el proceso de desarrollo del cuerpo desde que se forman los gametos para combinarse finalmente en un cigoto hasta que el organismo completamente desarrollado sale del útero. Los procesos epigenéticos son vitales para el desarrollo fetal debido a la necesidad de diferenciarse de una sola célula a una variedad de tipos de células que se disponen de tal manera que producen tejidos, órganos y sistemas cohesionados.

Las modificaciones epigenéticas, como la metilación de los CpG (un dinucleótido compuesto por una 2'-desoxicitosina y una 2' desoxiguanosina) y las modificaciones de las colas de las histonas, permiten activar o reprimir determinados genes dentro de una célula, con el fin de crear una memoria celular a favor de utilizar un gen o no utilizarlo. Estas modificaciones pueden proceder del ADN parental o ser añadidas al gen por diversas proteínas y contribuir a la diferenciación. Los procesos que alteran el perfil epigenético de un gen incluyen la producción de complejos proteínicos activadores o represores, el uso de ARN no codificantes para guiar a las proteínas capaces de modificarse, y la proliferación de una señal haciendo que los complejos proteínicos atraigan a otro complejo proteínico o a más ADN con el fin de modificar otros lugares del gen.

La expresión génica se refiere a la transcripción de un gen, pero el ARN producido no tiene por qué codificar un producto proteico. La transcripción puede producir los llamados productos de ARN no codificante, como el ARNt y el ARN regulador. La represión puede referirse a la disminución de la transcripción de un gen o a la inhibición de una proteína. Las proteínas se inhiben a menudo uniendo el sitio activo o provocando un cambio conformacional para que el sitio activo no pueda seguir uniéndose. Al realizar estas alteraciones, las proteínas, como los factores de transcripción, pueden unirse menos al ADN o alguna proteína puede ser inhibida de manera que se convierta en un bloqueo en una cascada de señalización y entonces no se inducirá la expresión de ciertos genes. La represión puede producirse antes o después de la transcripción. La metilación del ADN o la modificación de las histonas que envuelve el ADN es un ejemplo que suele conducir a la represión. La represión pretranscripcional también puede producirse alterando las proteínas que permiten la transcripción, es decir, el complejo de la polimerasa. Las proteínas pueden situarse en la cadena de ADN y servir como una especie de bloqueo para las proteínas polimerasas, impidiendo que se transcriban. La represión postranscripcional se refiere generalmente a la degradación del producto de ARN o a la unión del ARN con proteínas para que no pueda ser traducido o llevar a cabo su función.

La metilación del ADN en los seres humanos y en la mayoría de los otros mamíferos se refiere a la metilación de un CpG. La metilación de estas citosinas es común en el ADN, y en número suficiente puede impedir que las proteínas se unan al ADN al oscurecer el sitio de unión del dominio del ADN a la proteína. Las regiones en las que las citosinas anteriores a las guaninas están agrupadas y altamente desmetiladas se denominan islas CpG, y a menudo sirven como promotores, o sitios de inicio de la transcripción.

Las modificaciones de las histonas son modificaciones realizadas en los residuos de aminoácidos de las colas de las histonas que restringen la capacidad de la histona para unirse al ADN o potencian la capacidad de la histona para unirse al ADN. Las modificaciones de las histonas también actúan como lugares de unión de las proteínas, que alteran aún más la expresión del gen. Dos modificaciones comunes de las histonas son la acetilación y la metilación. La acetilación se produce cuando una proteína añade un grupo acetilo a una lisina en la cola de una histona para restringir la capacidad de ésta de unirse al ADN. Esta acetilación se encuentra normalmente en la lisina 9 de la histona 3, denominada H3K9ac. Esto hace que el ADN esté más abierto a la transcripción, debido a la disminución de la unión a la histona. La metilación, por su parte, se produce cuando una proteína añade un grupo metilo a una lisina en la cola de una histona, aunque se puede añadir más de un grupo metilo a la vez. Dos sitios de metilación de las histonas son comunes en los estudios actuales: la trimetilación de la lisina 4 de la histona 3 (H3K4me3), que provoca la activación, y la trimetilación de la lisina 27 de la histona 3, que provoca la represión (H3K27me3).

Los elementos que actúan en cis se refieren a mecanismos que actúan en el mismo cromosoma del que proceden, normalmente en la misma región de la que se produjeron o en una región muy cercana a esta región de origen. Por ejemplo, un ARN largo no codificante que se produce en un lugar silencia el mismo lugar o uno diferente en el mismo cromosoma. Los elementos transactores, sin embargo, son productos génicos de una localización que actúan en un cromosoma diferente, ya sea el otro en un par cromosómico, o en un cromosoma diferente de un par cromosómico distinto. Un ejemplo de esto es que un ARN largo no codificante del gen Hox C silencia el gen Hox D en un cromosoma diferente, de un par cromosómico distinto.

Regulación de los genes Hox

Los genes Hox son genes que regulan el desarrollo del cuerpo en los seres humanos. Los seres humanos tienen cuatro conjuntos de genes Hox, con un total de 39 genes, que ayudan a la diferenciación de las células según su ubicación. Los genes Hox se activan en una fase temprana del desarrollo del embrión, para planificar el desarrollo de las diferentes estructuras del cuerpo. También muestran colinealidad con el plan corporal, lo que significa que el orden de los genes Hox es similar a los niveles de expresión de los genes Hox en el eje antero-posterior. Esta colinealidad permite una activación espacial y temporal de los genes para producir una estructura corporal adecuada.

Los genes Hox se regulan utilizando una variedad de mecanismos epigenéticos, incluyendo el uso de lncRNAs como

HOTAIR, el grupo de proteínas Trithorax (TrxG) y el grupo de proteínas Polycomb (PcG).

El papel de los genes PcG y TrxG en la regulación de los genes Hox

Los genes PcG y TrxG que producen complejos proteicos responsables de continuar la activación y los patrones de represión en los genes Hox inicialmente formados por los factores maternos. Los genes PcG son responsables de la represión de la cromatina en los grupos Hox destinados a ser inactivados en la célula diferenciada. Las proteínas PcG reprimen los genes formando complejos represivos de policombio, como PRC1 y PRC2. Los complejos PRC2 reprimen mediante la trimetilación de la histona 3 en la lisina 27 a través de las histonas metiltransferasas Ezh2 y Ezh1. PRC2 es reclutado por muchos elementos, incluyendo las islas CpG. La PRC1, por su parte, ubiquitina la H2AK119 mediante la actividad E3 ligasa de Ring1A/B, provocando la paralización de la ARN polimerasa II. Además, Ring1B, un miembro del complejo PRC1, también reprime los genes Hox con Me118, Mph2 y RYBP compactando la cromatina en estructuras de orden superior. Los genes TrxG, por su parte, se encargan de activar genes mediante la trimetilación de la lisina 4 de la cola de la histona H3. Los genes con marcas transcripcionales similares tienden a agruparse en estructuras distintas. En los dominios bivalentes, ambas marcas están presentes, lo que indica que los genes están silenciados pero pueden activarse rápidamente cuando sea necesario.

El papel de los ncRNAs en la regulación de los genes Hox

231 ncRNAs están presentes en los cuatro casetes de genes Hox. Al igual que los genes codificadores de proteínas Hox, los ncRNAs muestran una expresión diferencial según la localización de la célula en los ejes anterior-posterior y proximal-distal. Estos lncRNAs pueden actuar bien sobre el conjunto de genes en el que están presentes, o bien pueden actuar sobre un conjunto de genes separado dentro de los genes Hox.

El HOTTIP es un ARN largo no codificante que ayuda a regular los genes HoxA. Se produce a partir del extremo 5' del casete del gen HoxA, y activa los genes HoxA. Los bucles dentro del cromosoma acercan a HOTTIP a sus objetivos; esto permite que HOTTIP se una a los complejos de proteínas WDR5/MLL para ayudar a la trimetilación de la lisina 4 de la histona 3.

HOTAIR es un ARN no codificante largo que ayuda a regular los genes HoxD. Se produce en el casete HoxC, cerca de la división entre los genes expresados y los no expresados, y reprime los genes HoxD. HOTAIR actúa uniéndose a Suz12 en el complejo PRC2, y luego guía a este complejo hacia los genes que deben ser reprimidos. A continuación, PRC2 trimetila la lisina 27 de la histona 3, reprimiendo el gen de interés.

Formación del cuerpo de Barr

En las mujeres, los cuerpos de Barr se definen como el cromosoma X condensado e inactivado que se encuentra en todas las células del adulto. Como las mujeres tienen dos cromosomas X casi idénticos, uno de ellos debe ser silenciado para que los niveles de expresión de los genes del cromosoma X tengan la dosis adecuada. Así, los hombres y las mujeres tienen el mismo nivel de expresión del cromosoma X, a pesar de haber nacido con un X para los hombres y dos para las mujeres. Esta es también la razón por la que los individuos con síndrome de Klinefelter, una enfermedad en la que hay más de dos cromosomas sexuales en el cuerpo, tienen menos síntomas que los individuos con otros tipos de aneuploidía, que suelen ser mortales antes del nacimiento.

El papel de Xist

La inactivación de uno de los cromosomas X es iniciada por un ARN largo no codificante llamado Xist. Este lncRNA se expresa en el mismo cromosoma que reprime, lo que se conoce como trabajo en cis. Investigaciones recientes han demostrado que un elemento de repetición en el ARN de Xist hace que la PRC2 se una al ARN. Otra parte del ARN se une al cromosoma X posicionando a la PRC2 de forma que pueda metilar varias regiones del cromosoma X. Esta metilación hace que otros factores, como las histonas deacetilasas (HDAC), se unan al cromosoma y propaguen la formación de heterocromatina, incluso en las regiones genéticas activas. Esta heterocromatina reduce en gran medida, si no silencia completamente, la expresión génica del cuerpo de Barr. Para mantener un cuerpo de Barr condensado y silenciado se creará continuamente Xist.

Inactivación temprana y aleatoria del cromosoma X

En el desarrollo embrionario, cuando el cigoto aún está compuesto por unas pocas células, cada célula del cigoto elegirá al azar un cromosoma X para condensarlo y silenciarlo. A partir de ese momento, las células hijas de esa célula siempre silenciarán el mismo cromosoma X que la célula madre de la que se propagó. Esto crea lo que se conoce como "efecto mosaico", en el que la expresión diferencial del cromosoma X crea diferentes genotipos en un mismo organismo. Esto puede ser evidente o no en las hembras, dependiendo de cómo los genes de los cromosomas X afecten al fenotipo. Si los alelos de un gen son idénticos en ambos cromosomas X, no se verá ninguna diferencia entre las células que hayan elegido un X en lugar del otro. Si los alelos son diferentes para, por ejemplo, el color del pelaje, entonces se pueden ver manchas de un color y manchas del otro. En los gatos calicó, el patrón de mosaico de la inactivación del cromosoma X es fácil de ver porque un gen que afecta al color del pelaje es portador del cromosoma X, lo que da lugar a manchas de color en el pelaje. El patrón de mosaico de la inactivación del cromosoma X también puede determinar la penetración de una enfermedad, si el alelo de la enfermedad está presente en un cromosoma X y no en el otro. El organismo puede tener pocas células en las que el alelo enfermo no se haya condensado, lo que conduce a una escasa expresión del alelo de la enfermedad. Esto se denomina inactivación sesgada del cromosoma X.

Impresión

La impronta se define como la expresión diferencial de los alelos paternos y maternos de un gen, debido a las marcas epigenéticas introducidas en el cromosoma durante la producción del óvulo y el esperma. Estas marcas suelen dar lugar a una expresión diferencial de los conjuntos específicos de genes de los cromosomas maternos y paternos. La impronta se lleva a cabo a través de muchos mecanismos epigenéticos como la metilación, las modificaciones de las histonas, la reorganización de la estructura de la cromatina de orden superior, los ARN no codificantes y los ARN de interferencia.

Objetivos y funciones de la impresión

Todavía se desconoce el propósito evolutivo único de la impronta, ya que los mecanismos y efectos parecen ser muy diversos. Una hipótesis afirma que la impronta se produce para llevar a cabo el objetivo evolutivo del padre, que es la partición diferencial de los recursos. El macho trata de proporcionar el máximo de recursos a su descendencia para que sus genes se transmitan con éxito a la siguiente generación, mientras que la hembra debe repartir los recursos entre toda su descendencia, por lo que debe limitar los recursos proporcionados.

Otra hipótesis afirma que la impronta puede ayudar a proteger a la hembra de la enfermedad trofoblástica ovárica y la partenogénesis. La enfermedad trofoblástica se produce cuando un espermatozoide fecunda un óvulo sin núcleo y se forma una masa similar al cáncer en la placenta[7] La partenogénesis se produce cuando un óvulo no fecundado se convierte en un organismo totalmente funcional y genéticamente idéntico al progenitor, que es hembra en el caso de los animales o de ambos sexos, en el caso de las plantas. Esto no ocurre de forma natural en los mamíferos. En la mayoría de los animales, sobre todo en los mamíferos, la herencia uniparental de los cromosomas suele ser letal o dar lugar a anomalías en el desarrollo, a veces físicas pero a menudo cognitivas. Otras hipótesis apuntan a la función de la impronta como forma de establecer la cantidad adecuada de expresión o haploidía funcional, de forma similar al silenciamiento del cromosoma X extra en las hembras (véase la sección sobre los cuerpos de Barr). La impresión puede ayudar a la diferenciación de las células silenciando los genes de pluripotencia u otros genes del desarrollo. En apoyo de esta hipótesis, se ha demostrado que los genes impresos difieren en su expresión entre los tipos de tejidos del mismo organismo, lo que apunta a resultados divergentes como consecuencia de los acontecimientos del desarrollo durante la embriogénesis. Independientemente de que exista una finalidad única para la impronta, numerosos estudios han demostrado que no se puede crear un organismo normal y funcional sin los distintos mecanismos de impronta.

Igf2 y H19

En los mamíferos, los genes impresos suelen estar agrupados en el genoma, probablemente porque comparten reguladores transcripcionales o regiones reguladoras que afectan a la expresión de múltiples genes. Es más fácil que un lncRNA silencie varios genes si están más juntos, lo que hace que el silenciamiento sea más eficiente. En algunos casos, cuando un gen se transcribe se solapa con otra región cercana u opuesta (antisentido) a él, a menudo silenciándola. En el caso de los genes Ifg2 y H19, interviene CTCF, una proteína represora de la transcripción. CTCF se une a la región ICR materna no metilada pero no a la región ICR paterna metilada. ICR es una región de control compartida por Ifg2 y H19 que, cuando se elimina, provoca la pérdida de la impronta de estos genes. CTCF se une entonces a otra región del cromosoma, creando un bucle en el que se bloquea la transcripción de Igf2, pero no la de H19, lo que hace que el cromosoma materno exprese H19 pero no Igf2. Se ha demostrado que CTCF interactúa directamente con Suz12, una subunidad de PRC2, para silenciar la región promotora de Ifg2 mediante la hipermetilación. Por el contrario, el promotor paterno H19 está altamente metilado durante la embriogénesis, por lo que Ifg2 no será silenciado. Si CTCF no se une, H19 en el cromosoma materno tiene una expresión reducida e Igf2 no se silencia adecuadamente, lo que da lugar a una expresión bialélica. Los ratones tienen homólogos de estos genes, pero los silencian de una manera diferente, en la que se produce una expresión bialélica y luego se utiliza ARN antisentido para silenciar uno de los genes.

Igf2r y Airn

Airn es un lncRNA utilizado para silenciar Igf2r y otros genes circundantes. En el mecanismo para silenciar Igf2r, la transcripción del lncRNA Airn silencia la expresión de Igf2r, en contraposición a un mecanismo de represión activa. Airn es el gen antisentido de Ifg2r, por lo que si Airn está siendo transcrito, la maquinaria transcripcional puede cubrir una parte o toda la región promotora de Igf2r, por lo que la ARN polimerasa no puede unirse a la región promotora de Igf2r para iniciar la transcripción. Este mecanismo es muy eficiente en el sentido de que la Igf2r es silenciada por la transcripción de Airn, mientras que el producto del ARN silencia otros genes cercanos a la Igf2r. Los mecanismos de impronta descritos anteriormente funcionan en el cromosoma en el que se produce el lncRNA Airn, pero hay muchos otros genes impresos que funcionan para silenciar genes en otros cromosomas o para silenciar el alelo o alelos similares en el cromosoma opuesto del mismo par.

Algunos genes impresos codifican elementos de ARN reguladores como el lncARN, el ARN nucleolar pequeño y el microARN, por lo que la expresión de estos genes da lugar al silenciamiento de algún otro gen.

A partir de estos ejemplos, los investigadores han visto patrones similares en la genética del desarrollo. Es imprescindible silenciar muchos genes en el momento adecuado para que las células puedan mantener su identidad e integridad de expresión. Si no se hace así, a menudo se producen síntomas como anomalías cognitivas, cuando no la muerte.

Papel de la PRC2

PRC2 (Polycomb Repressive Complex 2) es un complejo de proteínas que reprimen la cromatina mediante la metilación de las histonas y actuando para reclutar otras proteínas que ayuden a la represión de la cromatina. La estructura de este complejo y el conjunto de mecanismos que utiliza están muy conservados en varias especies eucariotas. Muy pocas especies tienen duplicados de estos complejos en el genoma más allá de PRC1 y PRC2.

Componentes y funciones represivas

PRC2 es un complejo multiproteico compuesto por cuatro subunidades principales (E2H1/2, SUZ12, EED y RbAp46/48) y tres subunidades variables (AEBP2, JARID2 y PCL). Las tres subunidades variables se utilizan para la catálisis de reacciones enzimáticas o la unión a regiones específicas, no para la represión de genes o de la cromatina. Al igual que un dedo de zinc, AEBP2 se acopla a los surcos principales del ADN para ayudar a su unión. La PRC2 suele ser reclutada por otras proteínas o lncRNa y luego cataliza la trimetilación de la lisina 27 de las colas de las histonas 3 (H3K27me3. Se cree que esta metilación provoca la represión por impedimento estérico de la ARN polimerasa II. Aunque no se impida la unión de la polimerasa, ésta, tras iniciar la transcripción, hará una pausa en las marcas H3K27me3. El transcrito corto producido por la pausa de la polimerasa suele reclutar complejos reguladores, como el PRC2. Así, la PRC2 reprime por dos mecanismos: alterando directamente la estructura de la cromatina mediante la metilación o mediante la unión de los transcritos.

Comportamiento diferencial debido a la fosforilación

En muchos experimentos se ha demostrado que la PRC2 es necesaria para la correcta formación de los órganos, empezando por el mantenimiento de la diferenciación celular y el silenciamiento de los genes de pluripotencia. El mecanismo exacto en la embriogénesis temprana que induce a las células a diferenciarse aún no está claro, pero este mecanismo se ha relacionado estrechamente con la proteína quinasa A (PKA). Dado que el complejo PRC2 tiene sitios capaces de ser fosforilados y tiene un comportamiento diferenciado basado en el nivel de fosforilación, se puede hacer una hipótesis lógica de que PKA afecta al comportamiento de PRC2 y puede fosforilar PRC2, activando la proteína e iniciando la cascada de metilación que silencia los genes.

Diferenciación celular temprana

Experimentalmente, se ha demostrado que la PRC2 está altamente enriquecida en los genes Hox y cerca de los reguladores de genes del desarrollo, lo que provoca su metilación. Algún tiempo después del segundo o tercer evento de escisión, PRC2 comienza a unirse a estos genes del desarrollo, aunque tengan los marcadores de genes altamente activos como H3K9me3. Esto se ha descrito como la "fuga" de la unión de PRC2. La unión variable hará que algunos genes se silencien antes que otros, provocando la diferenciación, pero es probable que esto esté regulado por el organismo. Todavía se desconoce qué causa la especificidad de la diferenciación celular, pero algunas hipótesis dicen que tiene que ver en gran medida con el entorno celular y la "conciencia" de las células entre sí, teniendo en cuenta que todas las células en esta etapa contienen genomas idénticos en este punto. Las líneas celulares que se mantienen tras este evento de diferenciación dependen en gran medida de la PRC2. Sin ella, los genes de pluripotencia seguirán activos, lo que provocará que las células sean inestables y vuelvan a un estado similar al de las células madre, en el que la célula tendría que someterse de nuevo a la diferenciación para volver a su estado normal. Las células correctamente diferenciadas tienen silenciados los genes de pluripotencia.

Especificidad de unión debido al reclutamiento por lncRNA

Aunque la PRC2 parece tener un mecanismo muy simple y funciona en muchos genes y cromosomas de todo el genoma, suele tener regiones de unión muy específicas y se ha observado que se localiza en genes concretos para provocar su represión. Investigaciones recientes muestran que probablemente lo hace a través de la unión de ARNs largos no codificantes (lncRNAs). Los genes Xist y Hox han sido ampliamente estudiados y muestran muy bien este mecanismo. El lncRNA al que se une el complejo no tiene por qué hibridarse con la región diana para silenciarla, como lo demuestra el complejo PRC2-lncRNA que funciona en regiones distintas a la que produjo este complejo. Sin embargo, la configuración tridimensional del ARN suele dar al complejo una localización específica a las regiones a las que el ARN está creado para unirse.

Mantenimiento de la condensación cromosómica

La PRC2 también está muy asociada a las regiones intergénicas, a las regiones subteloméricas y a los transposones de repetición larga. PRC2 actúa para crear heterocromatina en estas regiones a través de mecanismos similares a los utilizados para reprimir genes. La formación de heterocromatina es imprescindible en estas regiones para regular la expresión génica, mantener la forma de la cromatina, evitar la degradación del cromosoma y reducir el evento de "salto" de transposones o la recombinación espontánea.

Así, PRC2 no sólo es esencial para el inicio de la diferenciación en el desarrollo, sino también para mantener la heterocromatina en todos los estadios celulares y para silenciar genes y regiones cromosómicas que desharían la diferenciación celular ya ocurrida o afectarían negativamente a la supervivencia de la célula o del organismo en su conjunto.

Papel de los lncRNAs

Los ARN no codificantes largos, o lncARN, son transcritos de ARN producidos por la ARN polimerasa II que no se traducen pero participan en la regulación de la expresión génica. Los ARN no codificantes largos intervienen en varios procesos epigenéticos del desarrollo, como la regulación de los genes Hox, así como en la creación de los cuerpos de Barr.

Los lncRNAs en la regulación de los genes Hox

En los genes Hox, los ARN largos no codificantes permiten la comunicación entre diferentes genes Hox y diferentes conjuntos de genes Hox para coordinar el plan corporal en la célula. Un ejemplo de ARN largo no codificante que coordina entre conjuntos de genes Hox es HOTAIR, que es un transcrito de ARN producido en el casete HoxC que reprime la transcripción de un gran número de genes en el casete HoxD. Así, HOTAIR regula los genes HoxD a partir de los genes HoxC para coordinar la transcripción de los genes Hox.

lncRNAs en la creación del cuerpo de Barr

En las células humanas con más de un cromosoma X, se producen dos ARN largos no codificantes: Tsix es producido por un cromosoma X, y Xist es producido por todos los demás cromosomas X. Tsix es un ARN largo no codificante que impide la represión de un cromosoma X, mientras que Xist es un ARN largo no codificante que actúa para reprimir y condensar todo un cromosoma X. Las acciones de Xist sirven para crear un cuerpo de Barr en la célula.

Los lncRNAs en la formación de los parásitos

Neat1 es un lncRNA que ayuda a formar la estructura de las estructuras nucleares conocidas como paraspeckles: cuerpos nucleares que contienen proteínas de unión al ARN. Controlan la expresión génica en el núcleo reteniendo en él el ARN que, de otro modo, alteraría la expresión génica. Los paraspeckles forman una parte importante del cuerpo lúteo del ovario; en los ratones con deficiencias de Neat1, la formación del cuerpo lúteo es muy disfuncional, lo que provoca defectos ováricos y una disminución de los niveles de progesterona que da lugar a la falta de embarazo en los ratones deficientes de Neat1. Neat1 contribuye a la regulación de los genes lúteos impidiendo que la proteína Sfpq inhiba a Nr5a1 y Sp1, lo que permite la transcripción regular de los genes lúteos. Neat1 está regulada por las desacetilasas de las histonas.

lncRNAs en la diferenciación neuronal

Evf2 es un lncRNA que actúa en la diferenciación neuronal del cerebro anterior durante el desarrollo embrionario. Evf2 se transcribe a partir de una región ultraconservada, o una región muy conservada entre la mayoría de las especies de vertebrados, dentro de la región de Dlx5 a Dlx6. Esta región es una diana para la SHH, un regulador muy importante del desarrollo del sistema nervioso central. Evf2, cuando se transcribe, recluta a Dlx y Mecp2 a través de mecanismos de acción cis y trans a la región Dlx5/6 en el cerebro anterior ventral, provocando la formación de interneuronas GABAérgicas en el hipocampo. Evf2 actúa formando un complejo con Dlx4 que aumenta la capacidad de activación de la transcripción de Dlx4 y su estabilidad.

Malat1, otro lncRNA neurológico, provoca un aumento de la función sináptica y una mayor cantidad de desarrollo de dendritas. Los aumentos de Malat1 aumentan la densidad neuronal, mientras que las disminuciones de Malat1 disminuyen la densidad neuronal. Malat1 actúa regulando los niveles de expresión de Nlgn1 y SynCAM1 que son genes importantes en la formación de sinapsis.

lncRNAs en la regulación de la Igf2r

El lncRNA Airn es un lncRNA que regula la expresión de Igf2r. El Igf2r es un gen que expresa un receptor para el factor de crecimiento similar a la insulina 2, y asiste en el transporte de enzimas lisosomales, la activación de factores de crecimiento y la degradación del factor de crecimiento similar a la insulina 2. Este lncRNA es un ARN modificado por imprinting, que conduce a la expresión de Airn en el alelo paterno, pero no en el materno. Airn actúa mediante el silenciamiento en cis de la región de Igf2r mediante la superposición del gen Igf2r a través del transcrito antisentido codificado por Airn. Airn se silencia en el alelo materno a través de la transcripción de Igf2r. En el cerebro, sin embargo, los alelos de Igf2r se expresan ambos debido a que la mediación de Airn está reprimida en las células neuronales.

Función de BRD4

La proteína de bromodominio 4, o BRD4, es una proteína que se une a las colas acetiladas de las histonas H3 y H4 para ayudar a la transcripción activa de los genes mediante la descompactación utilizando el bromodominio con la ayuda del K5 acetilado en H4. BRD4 es un miembro de la familia de proteínas BET, que incluye otras proteínas que contienen bromodominios y sus homólogos en otras especies. BRD4 es una proteína que funciona tanto en la activación como en la represión de genes en el control del ciclo celular y la replicación del ADN. BRD4 funciona uniéndose a las colas acetiladas y luego uniéndose a otras proteínas, permitiendo que esas proteínas activen o repriman las histonas junto a BRD4.

BRD4 ayuda al desarrollo celular temprano activando los genes pluripotentes mediante la interacción con Oct4 y el reclutamiento de P-TEFb (factor de elongación de la transcripción positiva). Al ocupar los genes pluripotentes y los lncRNAs de inactivación del cromosoma X en sus regiones reguladoras, BRD4 potencia la activación de estas regiones del ADN. BRD4 potencia esta activación reclutando a P-TEFb; si BRD4 o P-TEFb no son funcionales, la transcripción de los genes pluripotentes se bloquea y la célula se diferencia en una célula neuroectodérmica.

BRD4 puede actuar como marcador epigenético a lo largo del ciclo celular, incluso después de la transcripción, debido a su asociación con P-TEFb, permitiendo que BRD4 potencie la RNAPII.

BRD4 también ayuda a la hiperacetilación de las histonas en el núcleo del esperma. Se cree que la hiperacetilación de las histonas, es decir, la adición de grupos acetilo a las lisinas de las colas amino de las histonas en una cantidad mucho mayor de lo normal, ayuda a la eliminación de las histonas del núcleo del espermatozoide.

Epigenética del ejercicio físico

La epigenética del ejercicio físico es el estudio de las modificaciones epigenéticas resultantes del ejercicio físico en el genoma de las células. Las modificaciones epigenéticas son alteraciones heredables que no se deben a cambios en la secuencia de nucleótidos. Las modificaciones epigenéticas, como las modificaciones de las histonas y la metilación del ADN, alteran la accesibilidad al ADN y cambian la estructura de la cromatina, regulando así los patrones de expresión de los genes. Las histonas metiladas pueden actuar como sitios de unión para ciertos factores de transcripción debido a sus bromodominios y cromodominios. Las histonas metiladas también pueden impedir la unión de los factores de transcripción al ocultar el sitio de reconocimiento del factor de transcripción, que suele encontrarse en el surco mayor del ADN. Los grupos metilo unidos a los residuos de citosina se encuentran en el surco mayor del ADN, la misma región que la mayoría de los factores de transcripción utilizan para leer una secuencia de ADN. Una etiqueta epigenética común que se encuentra en el ADN es la unión covalente de un grupo metilo a la posición C5 de la citosina que se encuentra en las secuencias de dinucleótidos CpG[1] La metilación de CpG es un importante mecanismo de silenciamiento transcripcional. Se ha demostrado que la metilación de las islas CpG reduce la expresión de los genes mediante la formación de heterocromatina fuertemente condensada que es transcripcionalmente inactiva. Los sitios CpG en un gen se encuentran más comúnmente en las regiones promotoras de un gen, aunque también están presentes en las regiones no promotoras. Los sitios CpG en las regiones no promotoras tienden a estar constitutivamente metilados, lo que hace que la maquinaria de transcripción los ignore como posibles promotores. Los sitios CpG cerca de las regiones promotoras se dejan en su mayoría sin metilar hasta que una célula decide metilarlos y reprimir la transcripción. La metilación de los CpG en las regiones promotoras da lugar al silenciamiento transcripcional de un gen. Se ha demostrado que los factores ambientales, incluido el ejercicio físico, tienen una influencia beneficiosa en las modificaciones epigenéticas.

Efectos sobre el cáncer

El ejercicio físico provoca modificaciones epigenéticas que pueden tener efectos beneficiosos en los pacientes con cáncer. El efecto del ejercicio físico sobre los patrones de metilación del

ADN conduce a un aumento de la expresión de genes asociados a la supresión de tumores y a una disminución de la expresión de oncogenes. Las células cancerosas presentan patrones no normales de metilación del ADN, incluyendo la hipermetilación en las regiones promotoras de los genes supresores de tumores y la hipometilación en las regiones promotoras de los oncogenes. Estas mutaciones epigenéticas en las células cancerosas hacen que la célula crezca y se divida de forma incontrolada, dando lugar a la tumorigénesis. Se ha demostrado que el ejercicio físico reduce e incluso invierte estas mutaciones epigenéticas, aumentando los niveles de expresión de los genes supresores de tumores y disminuyendo los niveles de expresión de los oncogenes.

Se cree que la hipermetilación en las regiones promotoras de los genes supresores de tumores contribuye a causar algunas formas de cáncer. La hipermetilación en las regiones promotoras de los genes supresores de tumores APC y RASSF1A son marcadores epigenéticos comunes del cáncer. El gen APC funciona para asegurar que las células se dividan adecuadamente y mantengan un número correcto de cromosomas una vez completada la división. El producto del gen RASSF1A interactúa con la proteína de reparación del ADN XPA. Se ha demostrado que el ejercicio físico disminuye e incluso revierte esta hipermetilación de los promotores, reduciendo el riesgo de desarrollo de cáncer. La disminución de los patrones de hipermetilación revela una región promotora accesible desde el punto de vista de la transcripción, lo que permite una mayor expresión de los genes supresores de tumores.

El ejercicio físico aumenta los niveles de eustrés, o estrés bueno, en el cuerpo. Este eustrés estimula las modificaciones epigenéticas que afectan al genoma del ADN de las células cancerosas. Las condiciones ambientales, como el eustrés, inducen fuertemente la expresión del gen supresor de tumores TP53 al influir en las modificaciones epigenéticas que se realizan en el genoma de las células cancerosas. El gen TP53 codifica la proteína p53, una proteína importante en la vía apoptótica de la muerte celular programada. La proteína p53 es importante para la regulación del crecimiento celular y la apoptosis, por lo que la hipermetilación de la región promotora del TP53 son marcadores comunes asociados al desarrollo del cáncer. Además de los patrones de metilación que afectan a la expresión de TP53, los microARN y los ARN antisentido controlan los niveles de la proteína p53 mediante la regulación de la expresión del gen TP53 codificante.

Cáncer de mama

En un estudio sobre los efectos epigenéticos del ejercicio físico en el cáncer de mama en mujeres, se recogieron muestras de sangre de pacientes con cáncer de mama antes y después de 6 meses de ejercicio aeróbico de intensidad moderada. El grupo de prueba realizó una media de 129 minutos de ejercicio a la semana, frente a los 21,8 minutos semanales del grupo de control. El estudio encontró 43 genes con cambios significativos en la metilación del ADN. De los 43 genes, 3 de los genes que experimentaban niveles de metilación reducidos estaban directamente correlacionados con una mayor supervivencia del cáncer de mama. El gen L3MBTL1, un conocido supresor de tumores, tuvo niveles de metilación reducidos en un 1,48% en el grupo de ejercicio, mientras que el grupo de control de ejercicio limitado experimentó un aumento del 2,15% en la metilación. La disminución del 1,48% en la metilación de L3MBTL1 dio lugar a una mayor expresión del supresor tumoral, mientras que el aumento del 2,15% en la metilación experimentado por el grupo de control de ejercicio limitado condujo a una disminución de la expresión. Los resultados del estudio mostraron que los pacientes que hacían ejercicio con regularidad tenían niveles de metilación más bajos y una mayor expresión génica de L3MBTL1. Estas pacientes también experimentaron una reducción superior al 60% del riesgo de muerte por cáncer de mama en comparación con las pacientes del grupo de ejercicio limitado.

Efectos del envejecimiento

Metilación del ADN

También se ha visto que los mecanismos epigenéticos afectados por el ejercicio físico están implicados en los procesos relacionados con la edad. Un componente importante del envejecimiento es la pérdida significativa de metilación del ADN con el paso del tiempo. La metil desoxicitidina, que es una citosina metilada en el carbono 5' de una citosina, está implicada en el proceso de diferenciación y mantenimiento celular. La diferenciación celular implica la metilación de diferentes áreas dentro del ADN de una célula, lo que puede alterar la transcripción de los genes. Durante la diferenciación celular, la metilación del ADN es importante para establecer la identidad y la función de una célula debido a su papel en el control de la expresión genética. Un estudio reciente en el que se analizó la metilación del ADN del genoma de los recién nacidos y de los seres humanos de 100 años o más descubrió que los individuos de más edad tenían una metilación general del ADN significativamente menor. A medida que se envejece, la cantidad de metilación del ADN comienza a disminuir lentamente.

Los estudios también han analizado los residuos de metil desoxicitidina de los tejidos recogidos de los roedores a distintas edades. Estos estudios descubrieron que la pérdida de metilación del ADN aumentaba significativamente a medida que el roedor envejecía. Por tanto, el envejecimiento está relacionado con una pérdida significativa de metilación del ADN. Sin embargo, esta pérdida de metilación del ADN parece ser frenada por el ejercicio físico en condiciones poco frecuentes, en generel este efecto no está muy bien estudiado y hasta ahora parece que no hay conexión entre la metilación del ADN y la actividad física. Otros estudios han analizado los efectos del ejercicio físico sobre la metilación del ADN y el envejecimiento en humanos.

Otro componente del envejecimiento es el acortamiento gradual de los telómeros situados al final de los cromosomas. Los telómeros son secuencias repetitivas situadas al final de los cromosomas cuya finalidad es frenar el proceso de acortamiento y daño celular que se produce tras cada división celular, así como estabilizar los extremos del ADN. El envejecimiento y las enfermedades relacionadas con la edad se asocian a un acortamiento significativo de estas secuencias. El acortamiento de los telómeros se produce en las células somáticas en las que no se expresa la telomerasa, la enzima que controla el alargamiento de los telómeros.

Sin embargo, se ha visto que los telómeros pueden transcribir ARN no codificantes, o ARN funcionales que no se traducen en proteínas. Las investigaciones han demostrado que algunos de los ARN no codificantes transcritos en los telómeros participan en la formación de la heterocromatina y en la estabilidad de los telómeros. Estos ARN no codificantes pueden verse afectados positivamente por el ejercicio físico. En particular, un estudio descubrió que los ratones expuestos a fases de carrera de corta duración presentaban un aumento de la transcripción de ARN no codificante en los telómeros en comparación con los controles sedentarios. Este aumento de la transcripción de ARN no codificante contribuyó a la estabilidad de los telómeros, haciendo que los telómeros del grupo que hacía ejercicio tuvieran menos probabilidades de verse afectados por el envejecimiento con el paso del tiempo. Al ayudar a aumentar la estabilidad de los telómeros, el ejercicio físico puede tener efectos positivos sobre el envejecimiento al ayudar a disminuir el acortamiento de los telómeros.

Efectos en los procesos metabólicos

Además de reestructurar el sistema muscular y esquelético para manejar mejor el estrés mecánico, el ejercicio físico también afecta a la expresión de los genes con respecto al metabolismo. Los efectos son amplios y pueden afectar a todo, desde el crecimiento muscular hasta la resistencia aeróbica, pasando por la diabetes y otros trastornos metabólicos.

En general, incluso una pequeña cantidad de ejercicio puede inducir la hipometilación de todo el genoma dentro de las células musculares. Esto significa que muchos genes reguladores pueden activarse para vías como la reparación y el crecimiento muscular. La intensidad del ejercicio se correlaciona directamente con la cantidad de desmetilación del promotor, por lo que un ejercicio más extenuante activa más genes.

Los microARN (miARN) interfieren con el ARNm presente y lo inutilizan, por lo que disminuyen el producto de ese ARNm. Los miARNs regulan muchos procesos fisiológicos, como la inflamación, la angiogénesis (la creación de vasos sanguíneos), así como la prevención de la isquemia (la restricción del flujo sanguíneo dentro de los vasos). El ejercicio aeróbico reduce el número total de varios miRNAs dentro del músculo esquelético que producen efectos negativos. Los estímulos que hacen que el cuerpo entre en una fase anabólica, o constructiva, como el entrenamiento de resistencia, así como la dieta correcta, también han mostrado una reducción de los miARN. Esta reducción puede desempeñar un papel en el crecimiento de la célula muscular.

Las histonas deacetiltransferasas (HDAC) de clase IIa se expresan mucho en los músculos esqueléticos humanos. El ejercicio ayuda a reducir su actividad, especialmente en los promotores, lo que afecta a la expresión de los genes. En ratones, se ha demostrado que esta regulación de la HDAC5 aumenta la cantidad de fibras de tipo I en el músculo. Las fibras de tipo I son fibras de resistencia de contracción lenta. Estos datos coinciden con los datos humanos que dicen que la cantidad de fibras de tipo I está positivamente correlacionada con la capacidad aeróbica máxima.

También sugirió que la cantidad de fibras de tipo 1 está correlacionada con una histona acetiltransferasa (HAT) que está implicada en la diferenciación de los osteoblastos y la formación de hueso.

Diabetes

Los individuos con diabetes de tipo II presentan una hipermetilación de varios genes en el músculo, como el receptor gamma activado por el proliferador de peroxisomas (PPAR-γ) y el coactivador 1 alfa (PGC-1α). La hipermetilación de estos genes disminuye la expresión tanto del ADN mitocondrial como del ARNm del PGC-1α. El ejercicio es una forma de prevenir y tratar estos efectos al ayudar a hipometilar PPAR-γ y PGC-1α. Además, el ejercicio también aumenta la expresión del transportador de glucosa tipo 4 (GLUT4), lo que también ayudará con los síntomas de la diabetes.

Efectos en la cognición

El ejercicio físico provoca cuatro tipos de alteraciones epigenéticas que afectan a la cognición. Una extensa revisión de 2017 describe los efectos del ejercicio en el cerebro debido a (1) la metilación del ADN, (2) la acetilación de las histonas, (3) la metilación de las histonas y (4) la expresión de los microARN, y las consecuencias de estas alteraciones en el aprendizaje y la memoria (cognición).

Metilación del ADN

Como se resume en la revisión de 2017, en las ratas, el ejercicio aumenta la expresión del gen Bdnf, que tiene un papel esencial en la formación de la memoria. El aumento de la expresión de Bdnf se produce a través de la desmetilación de su promotor de la isla CpG en el exón IV. La desmetilación se lleva a cabo en parte a través de las acciones de la timina-ADN glicosilasa y el sistema de reparación de escisión de bases.

El ejercicio disminuye la expresión en el hipocampo de las enzimas metiladoras del ADN DNMT1, DNMT3a y DNMT3b, que son represoras de los genes. El hipocampo tiene importantes funciones en la memoria, la navegación espacial y forma parte del sistema de recompensa. El ejercicio también atenúa los cambios globales de metilación inducidos por el estrés.

Acetilación de la histona H3

El ejercicio provoca la acetilación de la histona H3 en la región promotora del exón IV del gen Bdnf, esencial para la formación de la memoria. Esta acetilación contribuye a la regulación al alza de Bdnf en el hipocampo del cerebro de las ratas[15] Dos semanas de ejercicio en cinta rodante mejoran el rendimiento de la memoria en una tarea de evitación inhibitoria.

Metilación de la histona H3

La metilación de las histonas puede provocar la represión de la transcripción. La lisina puede sufrir mono-, di- y tri-metilación. La di- y tri-metilación de la histona H3 en la lisina 9 (H3K9) está relacionada con la represión de la transcripción. Los ratones deficientes en un gen particular de la histona-metiltransferasa, el KMT2A (también conocido como MLL1), en las neuronas excitatorias adultas, muestran deficiencias en las tareas de memoria dependientes del hipocampo.El envejecimiento induce disminuciones en la metilación global de H3K9 en el hipocampo. Sin embargo, el ejercicio físico contrarresta la disminución de la metilación global de H3K9 inducida por el envejecimiento.

microARN

Las células eucariotas pueden comunicarse directamente entre sí a través del contacto célula-célula o a distancia mediante la secreción de factores solubles como hormonas, factores de crecimiento, citocinas y quimiocinas. Tanto el ARN como los microARN (miARN) pueden transferirse funcionalmente de una célula donante a una receptora a través de vesículas derivadas de la membrana llamadas exosomas. Al igual que las hormonas, los miARNs se liberan en la circulación (llamados miARNs circulantes o c-miARNs), para afectar a las células de todo el organismo. Los c-miRNAs son transportados por exosomas, lipoproteínas de alta/baja densidad, cuerpos apoptóticos y proteínas de unión a ARN. Una sesión de ejercicio aumenta los niveles de c-miR-223 en la circulación en hombres jóvenes y sanos, mientras que la falta de miR-223 provoca déficits de memoria dependientes del hipocampo y muerte de células neuronales.

Con un mayor conocimiento de las vías epigenéticas, el ejercicio seguirá mostrando sus beneficios en todas las fases de la vida, incluyendo, entre otros, la prevención y el tratamiento del cáncer, el envejecimiento, el metabolismo y los trastornos metabólicos como la diabetes y la cognición.

Capítulo 8
Estudios de expresión genética en la FPI

Los estudios de perfiles de expresión genética han demostrado
que existen cambios transcripcionales en el parénquima
pulmonar de los individuos con FPI. Los cambios en la
expresión génica son bastante drásticos y afectan a un gran
número de genes, generalmente del orden de unos pocos miles
de genes expresados de forma diferencial. En conjunto, estos
estudios han identificado sistemáticamente genes y vías
similares que se expresan de forma diferencial en los pulmones
fibróticos, a saber, genes asociados a la formación, degradación
y señalización de la matriz extracelular, marcadores del músculo
liso, factores de crecimiento y genes que codifican
inmunoglobulinas, complementos y quimiocinas. Algunos de
estos estudios han logrado identificar perfiles transcripcionales
asociados a la rápida progresión de la enfermedad y a las
exacerbaciones agudas en la FPI. Un trabajo más reciente de
nuestro laboratorio también ha identificado un subgrupo de
sujetos con FPI con una mayor expresión de los genes del cilio
que también se asocia con un panal microscópico más extenso,
una mayor expresión del gen de la mucina de las vías
respiratorias MUC5B y una mejor supervivencia en una cohorte
independiente de pacientes con FPI.

Los estudios epidemiológicos han mostrado asociaciones de exposiciones a agentes ambientales inhalados y el desarrollo de la FPI. Estos estudios han sido en su mayoría de diseño de casos y controles y demuestran sólo una asociación y no una causalidad. El humo del cigarrillo es la exposición más frecuente que se ha relacionado con el desarrollo de la FPI. Varios estudios de casos y controles, revisados por Research, han mostrado una asociación positiva entre el hecho de haber fumado alguna vez, y específicamente haber fumado en algunos estudios, y el desarrollo de la FPI. Los antecedentes de tabaquismo también se han asociado a una peor supervivencia, y dos de estos estudios han demostrado un peor pronóstico para los antiguos fumadores que para los actuales. Los estudios de control de casos también han establecido una relación entre la exposición ocupacional y el desarrollo de la FPI, incluida la exposición al polvo de madera, el polvo metálico, el sílice, el polvo textil y posiblemente la agricultura, la ganadería y la agricultura]. Es importante señalar que muchos individuos sin antecedentes de tabaquismo ni exposición ocupacional relevante desarrollan FPI, lo que pone de manifiesto que la predisposición genética es también un factor crítico en el desarrollo de esta enfermedad.

Modulación de las marcas epigenéticas por las exposiciones ambientales

A diferencia de la composición genética de un individuo, las marcas epigenéticas pueden verse influidas por la exposición, la dieta y el envejecimiento. Los experimentos seminales de Randy Jirtle demostraron que la dieta materna suplementada con donantes de metilo (ácido fólico, vitamina B12, colina y betaína) desplaza la distribución del color del pelaje de la progenie hacia el fenotipo marrón pseudoagutí, y que este cambio en el color del pelaje era resultado de un aumento de la metilación del ADN en un transposón adyacente al gen agutí. Estos estudios también revelaron que los ratones con pelaje amarillo son obesos y más propensos a desarrollar cáncer, lo que sugiere por primera vez que los cambios en la metilación del ADN causados por la dieta pueden estar relacionados con el desarrollo de enfermedades. Desde entonces, otros estudios han demostrado que exposiciones como los pesticidas y fungicidas y las partículas PM2,5 podrían alterar el metiloma, y que el envejecimiento también está asociado a cambios en la metilación del ADN y la expresión de los genes.

Los primeros estudios demostraron la relación entre la exposición al humo del tabaco y el cáncer de pulmón a través de la metilación de islas CpG asociadas a genes cancerígenos como el p16. Varios estudios más recientes han examinado la relación entre la exposición al humo del cigarrillo y las marcas epigenéticas en el contexto de la propia exposición y no vinculadas a ninguna enfermedad. También se ha demostrado que la exposición al humo del cigarrillo influye de forma significativa en la expresión de miRNAs en células epiteliales bronquiales humanas de ratón y en pulmones de rata expuestos al humo del cigarrillo. Los tres estudios mostraron que el efecto predominante de la exposición al humo es la regulación a la baja de los miARN, con un solapamiento sustancial entre los ratones y las ratas y cierta coincidencia de los cambios de expresión de los miARN de los roedores en el pulmón con los observados en el epitelio de las vías respiratorias humanas. Sin embargo, los mecanismos que relacionan el humo del cigarrillo con cualquiera de estos cambios epigenéticos no han sido claramente definidos; por lo tanto, se plantea la incertidumbre sobre la relación causa-efecto entre el humo del cigarrillo y las marcas epigenéticas. A pesar de algunas de las similitudes en los perfiles epigenómicos del humo del cigarrillo entre las muestras humanas y los modelos animales, no hay suficientes pruebas en este momento para apoyar el uso de modelos animales de exposición al humo en los estudios epigenómicos de la FPI. Por último, la exposición al humo del cigarrillo en el útero produce una metilación diferencial y una regulación a la baja de los miARN en la placenta, la sangre del cordón umbilical o la sangre periférica de los niños, lo que sugiere efectos transgeneracionales de la exposición al humo.

Papel de la regulación epigenética del sistema inmunitario

Un gran número de pruebas sugiere que los mecanismos epigenéticos afectan a la expresión de citoquinas y a la unión de factores de transcripción que controlan el linaje de las células Th1, Th2, Treg y Th17. Aunque la inflamación crónica puede no ser tan importante en la patogénesis de la enfermedad como se suponía, se sigue pensando que los sistemas inmunitario e inflamatorio desempeñan un papel en el desarrollo de la FPI. Los primeros estudios demostraron que las células mononucleares eran el tipo celular predominante en los infiltrados intersticiales de los pacientes con FPI y que las células T CD4 de la sangre periférica de los pacientes con FPI tenían características típicas de la respuesta patológica mediada por células. Estudios más recientes han demostrado un deterioro global de las Tregs en la FPI que se correlaciona fuertemente con la gravedad de la enfermedad y una asociación de la regulación a la baja de CD28 en las células T CD4 circulantes con un mal pronóstico en los pacientes con FPI. Por lo tanto, las marcas epigenéticas de las células inmunitarias pueden tener un papel importante en el desarrollo de la FPI.